- 武汉市科学技术协会项目:百万市民学科学——"江城科普读库"
- 教育部全国中小学生研学实践教育基地项目
- 国家岩矿化石标本资源共享平台项目
- 湖北省社会公益出版专项资金

联合资助

- 2021年获评自然资源部优秀科普图书
- 2021年获评湖北省优秀科普作品
- 2022年获评中国地质学会第三届科普产品奖
- 2023年获评生态环境优秀科普作品(图书)

让石头说话系列科普图书

漫游矿物世界

MANYOU KUANGWU SHIJIE

陈　晶　刘汉生　王　珂
刘安璐　李富强　隋吉祥　编著

图书在版编目(CIP)数据

漫游矿物世界／陈晶等编著. —武汉：中国地质大学出版社，2021.2 (2024.8 重印)
(让石头说话系列科普图书)
ISBN 978-7-5625-4916-1

Ⅰ.①漫…
Ⅱ.①陈…
Ⅲ.①矿物–普及读物
Ⅳ.①P57-49

中国版本图书馆 CIP 数据核字(2021)第 059347 号

| 漫游矿物世界 | 陈　晶　刘汉生　王　珂　　　编著 |
| | 刘安璐　李富强　隋吉祥 |

| 责任编辑：马　严 | 选题策划：马　严 | 责任校对：何澍语 |

出版发行：中国地质大学出版社(武汉市洪山区鲁磨路388号)　　邮编：430074
电　话：(027)67883511　　　传　真：(027)67883580　　E-mail:cbb@cug.edu.cn
经　销：全国新华书店　　　　　　　　　　　　　　　　　　http://cugp.cug.edu.cn

开本：787 毫米×960 毫米　1/16	字数：192 千字　印张：11.25
版次：2021 年 2 月第 1 版	印次：2024 年 8 月第 2 次印刷
印刷：武汉中远印务有限公司	

ISBN 978-7-5625-4916-1　　　　　　　　　　　　　　　　　　　　定价：40.00 元

如有印装质量问题请与印刷厂联系调换

《让石头说话系列科普图书》编委会

主　编：刘先国
副主编：陈　晶　刘　珩　邢作云
编　委：（以姓氏笔画为序）
　　　　刘安璐　李富强　杨　顺
　　　　汪　潇　张　凡　张　莉
　　　　范陆薇　卓佳欣　周捍华
　　　　徐　燕　唐晓玲　隋吉祥
　　　　彭　晶　彭　磊　葛文靓

《漫游矿物世界》

编著者：陈　晶　刘汉生　王　珂
　　　　刘安璐　李富强　隋吉祥
绘　图：李婉铖　邓　蓉　孙中萍
　　　　万沐陈紫

序

地球之美，神于地表，妙在地下，贵在孕育。伴随着深处的岩浆与热液，板块之间不断地挤压与碰撞。历经亿万年的地质孕育，地球物质相互融合、蜕变，造就了精美绝伦的矿物晶体。结晶万年，只求一见。

如此美丽的矿物晶体，在矿工的辛勤开凿下，才得以从矿洞、从山野来到世人面前。每个矿物晶体都是独一无二的，它们五颜六色、千奇百怪，同时又富有科研意义，受到了越来越多人的追捧。矿物知识的普及体现了一个国家的文明程度，矿物标本的收藏也逐渐成为一种独特的美学文化。

矿物对人类生活的重要性显而易见。矿物，是人类基础建设中许多工业资源的最终来源，如金、银、铜、铁等，也是我国国防科技、航天工程等重大项目的材料基础，如铀、钨、钛、镍等，同样也是日常生活中许多膳食添加剂的来源，如镁、钙、锌、硒等。部分矿物因为它瑰丽的色彩、奇特的形态和稀有的存世量而被作为贵重的珠宝，为世人所珍藏。对于地质学家来说，矿物的重要意义并不在于它华美的外表，而在于其背后所蕴含的秘密——地球乃至所有星球的起源及演化。矿物所蕴含的大量信息也使我们对自然的了解更加丰富。

此外，矿物与人类健康也密切相关。人类会因身体内缺少某些矿物元素而罹患疾病，也会因体内某些矿物元素吸收过多而中毒甚至死亡。有些矿物在外界条件（如光照、加热）的刺激下会释放或吸收某些电子、离子或分子从而改善人体的微环境或补充人体所需的元素，它们被称为"药石"或"保健石"。有些矿物自古以来就被人们用作药材，治疗一些常见疾病，既可以外敷又可以内服。矿物的一些光、电、磁等特性还被应用到现代医疗设备上与各种物理疗法（如电疗、放疗、磁疗、按摩等）中。

由此可见，矿物晶体具有观赏、科研、药用多重价值，是大自然赐予人类的天然、独特、精美、难以再生的宝贵资源。自然界中存在许多美丽的矿物，但随着大量矿产资源被开发利用，很多原矿也遭到了破坏。自然资源如此珍贵且有限，保护利用好大自然的馈赠，有序开发利用自然界的资源，才能保障人与自然的和谐共生、永续发展。

《漫游矿物世界》科普图书用通俗易懂的语言、精美的标本图片和生动形象的手绘图片，向读者介绍了有关矿物的科学知识，既能让广大读者学习到科学知识，又能培养他们对矿物、对自然的兴趣爱好。更重要的是让大家可以从每一块标本中看出大自然的鬼斧神工，从而更加敬畏和热爱地球。此外，书中还穿插了"小思考""小知识点""动手做一做""动手连一连""趣味小实验"等特色内容，用扫描二维码看视频的形式让读者更直观地看到实验过程，向读者传递科学思维与科学方法。

　　打开这本书，你将会被这些美轮美奂的矿物晶体深深吸引，同时了解到矿物有哪些形态、哪些颜色，为什么同一种矿物会有不同的颜色和形态，我们身边都有哪些矿物，如何鉴别一些常见的矿物，矿物是怎么形成的，矿物标本背后的故事……还可以跟着书中的二维码视频，在家动手制造出属于自己的独一无二的"矿物"晶体。我们对自然界了解得越多、越深刻，我们的生活就会变得越有趣。也许在阅读的过程中，你还会发现更多其他的惊喜。

　　祝阅读愉快！

2021 年 1 月 22 日

前 言

你是否偶尔也曾思考过：小河边的石块上面，那些五彩的色斑都是些什么？日常生活中，我们是从哪儿获取建造高楼、生产汽车以及制造手机的原材料的？人们佩戴的那些精致昂贵的宝石到底是什么？所有问题的答案都离不开一个名词——矿物。

我们生活在一个充满矿物的世界里。在我们身边，随处都可以发现矿物：项链上的水晶、粉笔里的石膏、厨房里的盐、化妆品中的云母、爽身粉里的滑石、止泻用的蒙脱石……实际上，矿物及其制品在我们的生活中无处不在，各种物质的原材料追根溯源，大多是从矿物中提取，或由矿物加工而成。我国古代把"矿"字写作"丱"，描摹当时的采矿工具，读作"kuàng"，象征采矿时击打矿物发出的声音。从石器时代直至今天，几乎每一种矿物的发现和利用，都极大地推动了社会历史的发展和人类文明的进步。

矿物不仅有用处，而且有"颜值"，矿物的颜色如彩虹般绚丽多彩，矿物的形态千变万化，矿物与我们的生活又是那么密不可分。面对这些矿物，你或许有很多疑问吧。

地球上最常见的矿物有哪些？它们都"藏"在哪里？矿物晶体是怎么形成的？它们又是从哪里开采出来的？你见过长满矿物晶体的洞穴吗？

你知道哪种矿物的颜色最多变吗？你知道哪种矿物的形态最多变吗？

你见过会发光的矿物吗？你想知道夜明珠发光的科学原理吗？

自己动手可以制造出美丽的矿物晶体吗？

想要知道这些问题的答案，那就翻开《漫游矿物世界》吧！这本图书将带着大家穿越万年光阴到美妙的矿物世界去漫游一番，答案便会一目了然！还等什么，就让我们一起透过矿物晶体解读地球奥秘，看看大自然的鬼斧神工，领略矿物晶体的旷世神奇吧！

《漫游矿物世界》全书共有 8 个篇章，包括"身边的矿物""探知矿物小常识""矿物颜色之美""矿物形态之美""矿物组合之美""矿物成长记""探寻矿物的记忆""趣味结晶小实验"。本书的设计思路是，首先从身边的矿物说起，让读者感觉到图书的内容是与生活密切相关的；然后将矿物的基本知识中最精华的内容以通俗易懂的文字和生

动形象的手绘图片展现出来，让读者喜闻乐见；紧接着，从矿物的颜色、形态、组合这3个角度体现出的美感来吸引读者，让读者在享受乐趣的同时能学习到相关的知识点；后面再将矿物的前世今生、科学原理娓娓道来，让读者看过之后很快升级为矿物晶体达人；最后设计了多个趣味结晶小实验，详细描述了实验原理、过程，并附有实验视频，为读者提供了实践指导，激发读者对矿物、自然和科学的浓厚兴趣，培养读者的科学思维和动手实践能力。

  湖北省地质科学研究院的刘汉生、中国地质大学（武汉）的王珂、刘安璐、李富强、隋吉祥参与了本书的编写。感谢中国地质大学（武汉）的赵珊茸教授对书稿提出的宝贵意见。本书的矿物照片主要来源于中国地质大学逸夫博物馆的陈列标本，部分矿物照片由各位作者在其他博物馆及各类矿物博览会上拍摄而来。书中手绘图片主要由中国地质大学（武汉）艺术与传媒学院的李婉铖等人绘制而成，部分微观图片素材及视频由TipScope团队和南望晶生创业团队提供，另有部分图片来自网络。在此，向这些图片及视频素材的原作者及标本的所有者表示感谢！

陈　晶

2020 年 10 月 22 日

目 录

第1篇　身边的矿物 ·· 01

1　雪白石灰此中来——方解石 ······································ 02
2　从廉价铅笔到神奇材料石墨烯 ···································· 04
3　骨折了？找石膏 ··· 08
4　降服"白娘子"的雄黄 ··· 12
5　能净化水的明矾 ··· 13
6　止泻秘宝——蒙脱石 ·· 15
7　爽身粉——滑石 ··· 17
8　浴火不焚——石棉 ·· 18

第2篇　探知矿物小常识 ··· 21

1　矿物成分从哪里来？ ·· 22
2　矿物寻踪 ··· 23
3　矿物的"聚宝盆"——矿洞 ······································· 30
4　简单几步教你识别手中的矿物 ···································· 32
5　你的家乡产有什么矿物？ ··· 40
6　矿物晶体收藏小贴士 ·· 42

第 3 篇　矿物颜色之美 45

- 1　颜色的成因 46
- 2　缤纷的自色 47
- 3　美丽的他色 68
- 4　神奇的假色 73
- 5　会发光的矿物 75

第 4 篇　矿物形态之美 81

- 1　花样百出的形态 82
- 2　奇妙的双晶 89
- 3　矿物表面的微形貌 93
- 4　形态"百变"的矿物 95

第 5 篇　矿物组合之美 99

- 1　孪生姐妹：蓝铜矿－孔雀石 100
- 2　完美搭档：重晶石－萤石 101
- 3　晶莹剔透：萤石－石英 102
- 4　黄金炒饭：石英－黄铁矿 103
- 5　鸳鸯矿物：雄黄－雌黄 104

    6 高端大气：雄黄－方解石 105
    7 交相辉映：鱼眼石－辉沸石 106
    8 宇宙之光：电气石－叶纳长石 107
    9 雪落红梅：辰砂－白云石 108
    10 沙漠绿洲：海蓝宝石－白钨矿－白云母 109

第6篇 矿物成长记 111

    1 在岩浆作用下新生 112
    2 在沉积作用下重组 119
    3 在变质作用下蜕变 121
    4 同质多象三姐妹：红柱石－蓝晶石－夕线石 123
    5 矿物与生命 124

第7篇 探寻矿物的记忆 127

    1 标型矿物 129
    2 地球的"时钟" 130
    3 地球的"温度计" 133
    4 矿物颜色记录着什么？ 136
    5 矿物形态告诉我们什么？ 137

  6　矿物组合说明什么？...139

  7　橄榄石——来自地球深部的信使.........................140

第 8 篇　趣味结晶小实验...............................143

  实验（一）：玩转"石盐"...144

  实验（二）：美丽的糖棒...151

  实验（三）："水晶"吊坠...154

  实验（四）：明矾结晶实验...156

  实验（五）：自制"水晶"...158

  实验（六）：自制"蓝宝石"...161

主要参考文献..166

第 1 篇 身边的矿物

世界上发现的矿物已有 5000 多种，它们看起来美丽而神秘，要么深藏在大山洞里，要么被摆放在博物馆里，似乎离我们有点远，但实际上，人们在日常生活中经常会用到一些矿物。当我们使用电脑或手机时，当建筑工人盖起一座座高楼时，当父母为我们烹饪美味佳肴时，当我们服用钙片时，当新郎为新娘戴上光彩夺目的钻戒时，细细一看，矿物就在你我身边，只是我们没有意识到而已。接下来，就让我们一起来了解一下身边这些有用的矿物吧。

1 雪白石灰此中来——方解石

方解石的化学成分为碳酸钙（$CaCO_3$），因为经过高温煅烧，碳酸钙可以转变成氧化钙（CaO），即建筑中常用的生石灰。明代诗人于谦的一首诗描述了人类开采和烧制生石灰的过程："千锤万凿出深山，烈火焚烧若等闲。粉身碎骨浑不怕，要留清白在人间。"

方解石晶体有 3 组完全解理，会在受到外力击打时沿 3 组固有的结晶学方向破裂成 3 组光滑平面，成为一个个小方块。宋朝马志等编撰的《开宝本草》中曾提到方解石"敲破，块块方解，故以为名"，意思是，敲击方解石可以得到很多方形碎块，故名方解石。

■ 块状方解石

> **小知识点**
>
> 晶体——由大量微观物质单位（原子、离子或分子）在三维空间周期性重复排列构成的固体物质，通常呈规则的几何形态。
>
> 解理——结晶矿物受力后，由其自身结构的原因造成晶体沿一定结晶方向裂开成光滑平面的性质。
>
> 结晶——物质从溶液、熔融体或气体里形成晶体的过程。

方解石的颜色往往会因其所含有的不同杂质而发生变化，如含铁、锰时为浅黄色、浅红色、褐黑色等，但一般多为白色或无色。无色透明的方解石称为冰洲石，因其最早在冰岛被发现而得名。冰洲石因其具有双折射效应而著名。所谓的双折射指的是，光束入射到晶体内部会分解成两束光沿不同方向折射。简单地说，就是透过方解石可以观察到物体的重影。

■ 冰洲石的双折射效应

> **动手做一做**
>
> 冰洲石是较为廉价的矿物，小块的冰洲石很容易在网上购买到。有兴趣的读者不妨在纸上画一条线，透过冰洲石观察一下。

方解石最常见的用途就是在建筑方面用来生产水泥、石灰。此外，方解石经过切割之后可用作显微镜的棱镜，在冶金工业上用作溶剂，也可用作塑料、纸张、牙膏、食品的添加剂。玻璃生产中加入方解石，制成的玻璃变得半透明，特别适合做灯罩。

漫游矿物世界 MANYOU KUANGWU SHIJIE

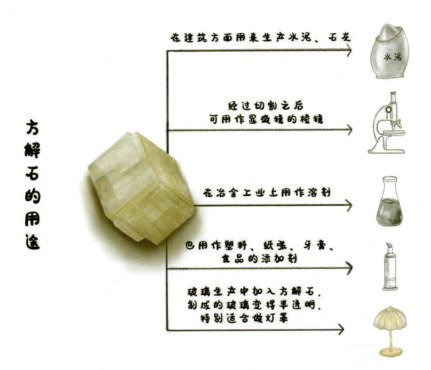

方解石的用途
- 在建筑方面用来生产水泥、石灰
- 经过切割之后可用作显微镜的棱镜
- 在冶金工业上用作溶剂
- 也用作塑料、纸张、牙膏、食品的添加剂
- 玻璃生产中加入方解石，制成的玻璃变得半透明，特别适合做灯罩

2 从廉价铅笔到神奇材料石墨烯

我们所使用的铅笔，虽然名字里有"铅"，但笔芯的主要原料并不是铅，而是石墨。为什么要用石墨来做铅笔芯呢？原来，石墨的化学成分为碳单质，不仅本身是黑色的，而且条痕也是黑色的，柔软的质地和一组极完全解理使之易于在刻画时剥落。

■ 铅笔与石墨

> **小知识点**
>
> 极完全解理——根据矿物晶体破裂程度可将解理分为不完全解理、中等解理、完全解理、极完全解理等。极完全解理就是指矿物晶体破裂成光滑片状。

人们很早就利用石墨作画,后来又在石墨棒外粘上一对刻有凹槽的木条制成笔杆,使其不污手。由于石墨太软,笔芯容易折断,人们又在石墨里添加一些黏土作为增固剂。在铅笔芯中,石墨含量越高、黏土含量越低,笔芯就越软,写出来的字就越黑,这种软质铅笔被人们用"B"(Black,意为"黑色")表示;石墨含量越低、黏土含量越高,笔芯就越硬,写出来的字颜色就越浅,这种硬质铅笔通常被人们用"H"(Hard,意为"硬")表示。通常字母前面会加数字,数字越大,表明铅笔越硬或越黑,而"HB"则是软硬适中的铅笔。不同型号的铅笔有不同的用处,H型铅笔硬度相对较高,适合用于在界面相对较硬或明确的物体上书写,如木工划线、野外绘图等;软而黑的B型铅笔适合上色,例如2B铅笔常常用来填涂考试答题卡。

■ 用石墨制作铅笔芯

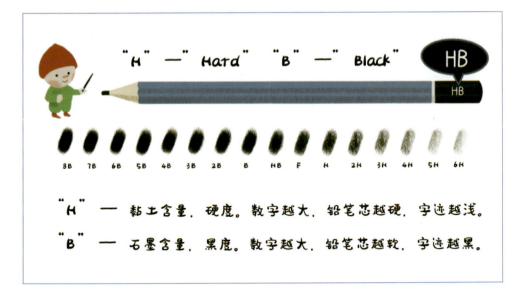

■ 石墨与黏土的比例决定铅笔芯的软硬

石墨具有半金属光泽，不透明，通常为鳞片状、块状或土状集合体，有滑感，易污手，具导电性。高纯度石墨可作为中子减速剂用于原子能反应堆中。石墨导电，熔点很高且化学性质不活泼，因此可以用来制作弧光灯、电极、电动机的电刷、高温坩埚等。

值得一提的是，2004年科学家安德烈·盖姆和康斯坦丁·诺沃肖罗夫用微机械剥离法成功提取出单层碳原子的石墨，被称为石墨烯，该成果于2010年获得了诺贝尔物理学奖。石墨烯是已知强度最高的材料之一，且具有非常好的热传导性能，未来将运用到移动设备、航空航天、新能源电池、生物医学等一系列领域。有许多科研工作者投身到石墨烯的研究中，它被认为是一种未来革命性的材料。

大家想知道2010年获得诺贝尔物理学奖的这两位科学家是如何提取石墨烯的吗？说起来非常简单，就是用小刀在铅笔芯上刮出一层薄薄的石墨粉末，将粉末倒在一段胶带上，然后将胶带对折再撕开，再将一段没有粘过的部分对折再撕开，重复以上步骤N次，石墨会变得越来越薄，最终就可以得到石墨烯了。

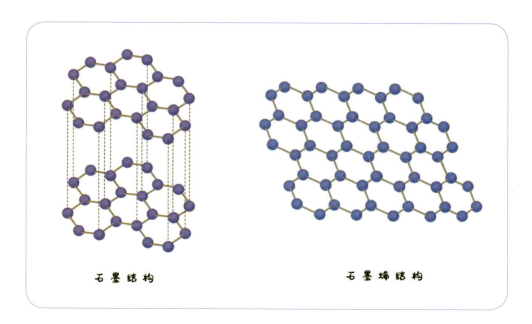

■ 石墨与石墨烯结构对比

（石墨具有三维的晶体结构，而石墨烯是一种只有原子厚度的二维晶体）

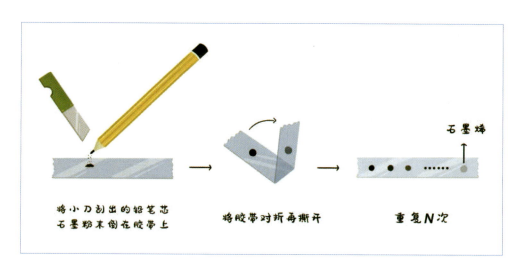

■ 胶带法自制石墨烯

3 骨折了？找石膏

石膏可以算是我们生活中最常见的矿物了，几乎每天都能看到——房顶装修需要用到石膏板，雕塑家经常用到石膏模型，制作豆腐需要用石膏做凝固剂。骨折了，医生在正骨之后用石膏将受伤的肢体固定起来，以防止二次伤害，这个处理过程是骨骼愈合的关键。为什么要选用石膏来进行骨折固定呢？这要从石膏的"生"和"熟"说起。

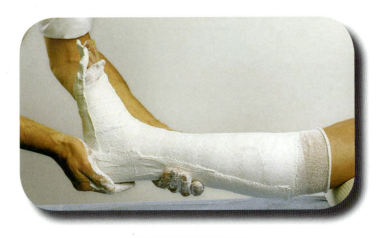

■ 骨折后用石膏固定肢体

生石膏

生石膏的化学式为 $CaSO_4·2H_2O$，又称天然石膏或二水石膏，此时石膏中的水是结晶水，是以中性水分子的形式存在于矿物晶体结构中的一定位置，是矿物化学组成的一部分。天然石膏通常为无色或白色，透明且具玻璃光泽，纤维状集合体呈丝绢光泽。有时因含其他杂质而被染成灰色、浅黄色、浅褐色等颜色。

生石膏晶体多为板状、纤维状、粒状、柱状或致密块状。纤维状的石膏集合体称为纤维石膏；雪白色、细粒状的石膏块体称为雪花石膏；无色透明的石膏晶体称为透石膏。不同的石膏有着不同的用途。

■ 各种形态的石膏晶体

■ 透石膏

熟石膏

熟石膏的化学式为 $2CaSO_4 \cdot H_2O$，可以理解为是将生石膏"烤熟"形成的。生石膏经过加热灼烧，结晶水从晶格（矿物晶体内部的原子有规律地排列形成的空间格架）中逸出，晶格受到破坏，改造形成新的结构，变成熟石膏。人们将熟石膏粉末散布在特制的纱布绷带上，做成石膏绷带。这种涂满熟石膏的绷带浸水之后会迅速重结晶生成含水的生石膏，并在 5～10 分钟之内变硬、成形，对骨折患者的患处起到固定的作用。石膏极低的硬度以及这种极易脱水化/水化的特性，使得它可以根据肢体的形状任意塑形，并在塑形之后迅速提供可靠的、能够维持较长时间的固定力。这就是骨折后用石膏固定的原理了。

■ 生石膏与熟石膏互相转换示意图

小故事

庞贝城之谜

在公元79年8月24日，意大利南部的维苏威火山突然爆发，淹埋了附近的庞贝城，大约有16 000人在这场灾难中丧生。后来考古学家发掘庞贝城时，看到大量人体虽然已经腐烂，但其轮廓却以空腔的形式在熔岩中完好地保存了下来。

为了向后人重现当时的灾难现场，考古学家将石膏注入到空腔之中，待其凝固后，再清除掉外部的熔岩。就这样，一个个石膏"雕像"将遇难者临终时的姿态栩栩如生地展现在我们眼前：许多人惊恐万分，用手掩面，一个母亲紧紧抱着哭泣的孩子，有一些人趴在墙脚处挖洞，想逃出来，还有一群被铁链锁在一起的角斗士……

■ 庞贝城遗址

4 降服"白娘子"的雄黄

■ 块状雄黄及其粉末

在中国著名民间传说《白蛇传》中，大家应该还记得这一场景吧：端午节那天，许仙听信法海的话，让白素贞（白娘子）饮下雄黄酒，结果白素贞现出白蛇的原形，许仙也吓得昏死过去。

现实生活中虽然没有蛇妖，但是自古以来中国人就有端午节用雄黄酒驱蛇虫的习俗。古人认为雄黄"善能杀百毒、辟百邪、制蛊毒，人佩之入山林而虎狼伏，入川水而百毒避"。雄黄又被称作石黄、黄金石、鸡冠石，呈橘红色，质软。雄黄若长期暴露在阳光下会变成不透明的黄色粉末，受热则会释放出浓烈的大蒜味。

一般饮用的雄黄酒，是在白酒或自酿的黄酒里加入微量雄黄制成。雄黄酒有杀菌驱虫解五毒的功效，中医还用它来治皮肤病。在没有碘酒之类消毒剂的古代，用雄黄泡酒，可以祛毒止痒。未到喝酒年龄的小孩子，大人则在他们的额头、耳鼻、手足心等处涂抹上雄黄酒，可消毒防病，虫豸（zhì）不叮。需要

■ 雄黄晶体

注意的是，雄黄的成分是 As_4S_4，一般情况下，As（砷）元素对人体有害，毒药砒霜的成分就是 As_2O_3。因此，雄黄酒不宜多喝，以免中毒。

说到砒霜和雄黄，关联倒不浅。古人掌握的毒药种类不多，而砒霜极易由雄黄制得，在著名小说《水浒传》中潘金莲就是用砒霜毒死武大郎的。古人制的砒霜中常常含有微量未反应完全的雄黄，由于雄黄是硫化物，可以与银发生反应使银变黑，因此"银针试毒"是有科学依据的。但反过来，使银变黑的物质却未必是毒物，有的东西没有毒素，但是含有很多硫，也会使银针变黑。此外，银针试毒也无法检测出不含硫的毒药。

5 能净化水的明矾

过去当人们没有干净的饮用水时，会把一种白色粉末撒到装满河水的水桶里，过一会儿，静置的脏水变得清澈起来，脏东西都沉淀在桶底了。这种神奇的粉末就是明矾。

■ 块状明矾及其粉末

明矾又称白矾，天然明矾成分为 $KAl_3(SO_4)_2(OH)_6$，是一种灰白色的晶体，具有玻璃光泽或珍珠光泽。日常生活中常见的明矾为十二水硫酸铝钾，即

$KAl(SO_4)_2 \cdot 12H_2O$。明矾易溶于水并分解为硫酸钾和硫酸铝,而硫酸铝会与水发生反应生成氢氧化铝。氢氧化铝是一种具有强吸附力的胶体,可以吸附水里悬浮的杂质,并形成沉淀,使水澄清,从而达到净水的效果。

值得注意的是,明矾中的铝被人体吸收后很难排出体外,会在人的肺部、骨骼、肝、脑等处慢慢蓄积。长期饮用明矾净化的水,可能会引起老年性痴呆症。因此,现在已不主张用明矾作净水剂了。

此外,明矾还是一种膨化剂。炸油条时,若在面粉里加入小苏打(碳酸氢钠)和明矾,则会释放大量二氧化碳,使油条在热油锅中一下子就鼓起来,变得香脆可口。但是明矾中的铝离子对人体是有害的,摄入过量会使人骨质疏松和反应迟钝。原国家

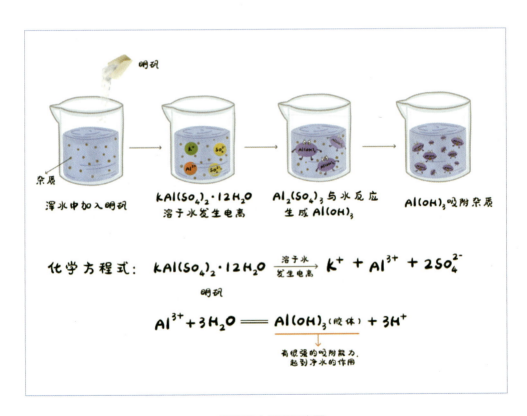

■ 明矾净水原理示意图

卫生和计划生育委员会已作出规定,从 2014 年 7 月 1 日起,禁止在馒头、发糕等面制品(除油炸面制品、挂浆用的面糊、裹粉、煎炸粉外)中添加明矾,膨化食品中,不得使用任何含铝的食品添加剂。

■ 明矾在炸油条时作添加剂

6 止泻秘宝——蒙脱石

如果肠胃不适、腹泻,医生往往会开一盒蒙脱石散,男女老少皆宜。蒙脱石是一种常见的黏土矿物,一般为块状或土状,又称微晶高岭石。它是由火成岩在碱性环境下受到流体和热液的作用,岩石成分和结构发生变化而形成的。蒙脱石通常为白色,有时为浅灰色、粉红色、浅绿色,质地十分柔软,用指甲可以划动,有滑感。蒙脱石的吸附性可消除体内的细菌和毒素,从而达到止泻的目的。

■ 块状蒙脱石及其粉末

蒙脱石的晶体结构比较特别,在电子显微镜下呈层状,被称为"三明治"结构。其化学分子式为 $E_x(H_2O)_4\{(Al_{2-x}, Mg_x)_2[(Si, Al)_4O_{10}](OH)_2\}$,E 表示层间可交换阳离子,主要为 Na^+、Ca^{2+},其次有 K^+、Li^+ 等;x 是当 E 作为一价阳离子时单位化学式的层电荷数,一般在 0.2～0.6 之间。根据 E 的种类,蒙脱石可分为钠蒙脱石、钙蒙脱石等成分变种。H_2O 表示层间水与阳离子一起充填在层状结构中。若 E 为一价阳离子,形成一层水分子;若 E 为二价阳离子,则形成两层水分子。

蒙脱石在工程上和生活中都有许多用途。蒙脱石加水体积能膨胀几倍并变成糊状物,人们利用这一性质将它作为膨润土和钻井泥浆的重要成分。蒙脱石具有较强的吸附性,具有一定的清洁和吸附油脂的作用,因此被广泛用于化妆品。蒙脱石也常被用于食用油精制脱色除毒、石油净化、核废料处理和污水处理,因其黏结性可作铸造型砂黏结剂等。

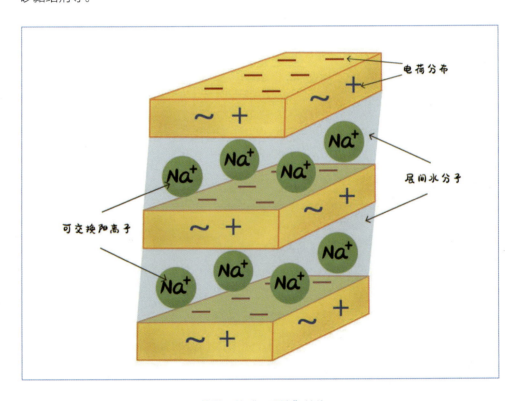

■ 蒙脱石的"三明治"结构

7 爽身粉——滑石

■ 块状滑石及其粉末

夏季浴后或理发后,把爽身粉扑撒在身上或头部,能给人以舒适芳香的感觉。爽身粉除了能吸收汗液,滑爽皮肤,还可减少痱子生长。爽身粉的手感为什么会像肥皂一般滑腻呢?原来,爽身粉的主要成分是一种叫滑石的矿物。

■ 滑石产出的野外露头

滑石是一种常见的硅酸盐矿物，化学成分为 $Mg_3[Si_4O_{10}](OH)_2$，是迄今为止已知最软的矿物，用我们的手指甲就可以轻轻松松在滑石表面刮下大量粉末。除了软，它还具有滑腻的手感，故得名滑石。滑石在自然界中多为块状。纯净的滑石呈白色，含杂质时也可呈其他浅色，具有玻璃光泽。

除了爽身粉，细致研磨的滑石粉还是粉底的主要原料之一，它的质地极其柔软，添入化妆品中可以使质地更加细腻。滑石的电绝缘性和耐热性较好（可承受 1500℃ 的高温），耐强酸、强碱，是很好的绝缘和耐火材料。由于滑石经过加热会变硬，所以滑石也是一种雕刻材料。滑石粉具有极佳的吸附性（极细的滑石粉吸油量可达 50%），且易于严密均匀地覆盖物体，因此被广泛用于陶瓷、塑料、造纸、涂料等行业。

■ 滑石粉末可作粉底原料

8 浴火不焚——石棉

相传在汉桓帝的时候，大将军梁冀有一件"宝衣"。梁冀为了炫耀这件宝衣，并以此显示自己是一个不平凡的人，就在家中大摆宴席，宴请文武百官。宴会上，文武百官酒兴正酣时，梁冀穿着他的"宝衣"行走于来宾之间，并且满面春风地频频向来宾敬酒。当所有客人都喝得半醉半醒的时候，梁冀借敬酒的间隙，假装不小心将酒洒在了自己的"宝衣"上。这时的梁冀装作很恼怒的样子，索性当着众人的面脱下衣服扔进了火坑。大家为梁冀的举动感到惊奇，并且委婉地说，这么一件完好的衣服就那样被火烧了，实在是太可惜。话语之间，火已燃尽，火坑里的衣服却完好无损，并且先前的酒迹也不见了。满座的来宾为之惊叹不已。此后，梁冀因"宝衣"事件名声在外，外界都传言大将军梁冀是一位非凡人物。

难道"宝衣"上真的有什么魔法吗？答案是否定的。事实上，"宝衣"是以石棉为材料制作的衣服。石棉，具有高度的耐火性、电绝缘性和绝热性，是重要的防火、绝缘和保温材料。早在周朝时期，古人就发现了石棉这种矿物，并且还把这种宝物编织成了布，做成衣服穿在身上。《列子·汤问》就记载了："周穆王大征西戎，西戎献锟铻之剑，火浣之布……垢则布色；出火而振之，皓然疑乎雪"。

■ 纤维状透闪石石棉

石棉是天然的纤维状硅酸盐类矿物质的总称。自然界的石棉主要有两类：一类叫蛇纹石石棉，也叫温石棉；另一类叫角闪石石棉。其中蛇纹石石棉是最重要的石棉矿物，占商业用石棉总量的95%。蛇纹石的化学式为$Mg_6[Si_4O_{10}](OH)_8$，呈深绿色、黑绿色、黄绿色等不同色调的绿色，油脂或蜡状光泽，纤维状者呈丝绢光泽。蛇纹石石棉的抗拉强度比角闪石石棉高，其抗拉强度甚至与很多有机纤维和无机纤维相比也毫不逊色。尤其在高温下，蛇纹石石棉仍能保持相当好的强度。

现在，以石棉为原料的制品达千种以上，例如消防队员、炼钢工人穿的防火抗热工作服，电力工业用的绝缘体、保险盖、保险手套，汽车用的刹车片等，都需要用到石棉。

20世纪70年代，人们发现吸入石棉纤维会导致肺纤维化和肺癌，现在大多数国家禁止使用石棉产品。

第 2 篇

探知矿物小常识

通过前面的介绍，我们对身边的矿物应该有了一个初步的印象。相信不同的人对矿物都有一个自己的认识和看法：在营养学家眼中，矿物（质）往往代表着某一单个的元素，如钙、铁、锌等，和饮食均衡联系在一起；在珠宝商人眼中，矿物则代表着精致华美的宝石晶体，经常和大量的财富联系在一起。

但是"矿物"这一名词是否具有科学规范的解释呢？地质学家给出了自己的答案，即矿物是自然形成的一种具有特定成分的无机的固态结晶的单质或化合物。单质是由一种元素组成的纯净物，如金刚石（C）、金（Au）、银（Ag）等；化合物则是由两种或两种以上的元素组成的纯净物，如石英（SiO_2）、方解石（$CaCO_3$）、刚玉（Al_2O_3）等。每年，全世界的矿物学家都会发现一两百种新矿物，并对这些矿物的形成、性质、用途等产生认识，这些认识往往会给科学研究、生产开发、教学实践提供新的认知和成果。

接下来，就让我们一起来科学地学习有关矿物的基本知识吧。

1 矿物成分从哪里来？

目前，全球已发现矿物种类超 5500 种，随着科学家分析测试手段的提高和对地下深部样品、月球样品和陨石的研究，新的矿物还在继续被发现。同样是石头，为什么外观不一样呢？原来，每种矿物都由更小的单元组成，这些单元就是自然界存在的 90 多种天然元素，我们所在的整个自然界都是由它们构成的。

俄国著名的化学家门捷列夫最先把所有元素排成了一张严整的表，这张表就叫门捷列夫元素周期表，现代的化学元素周期表就是在这个表的基础上经过多次修订形成的。表中有所有已知天然元素和人工合成元素，如氧、硅、铝、铁、钙等。各种元素用不同的数量和不同的方法搭配起来，就变成了我们所说的矿物。例如，氯和钠组成食盐，硅和两份氧组成石英等。

2 矿物寻踪

这些矿物都分布在哪里呢？还记得电影《地心历险记》里的情节吗？片中三位主人公在冰岛的一个火山口附近无意间发现一个废弃的矿洞。他们本想乘坐矿车找到出口，没想到迎接他们的是一段过山车似的疯狂轨道，轨道尽头就是火山通道。令人惊喜的是，通道的岩壁上长满了金光闪闪的矿物和宝石……实际上，矿物除了出现在地壳里，还广泛存在于地下深处的地幔和地核里。接下来，就让我们按照地球的内部结构，从浅至深，看看地壳、地幔、地核分别都蕴藏了哪些矿物吧！

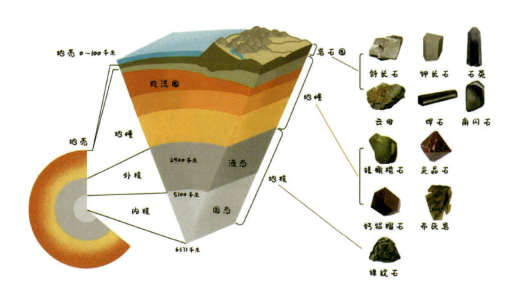

■ 地球内部不同圈层产出的典型矿物

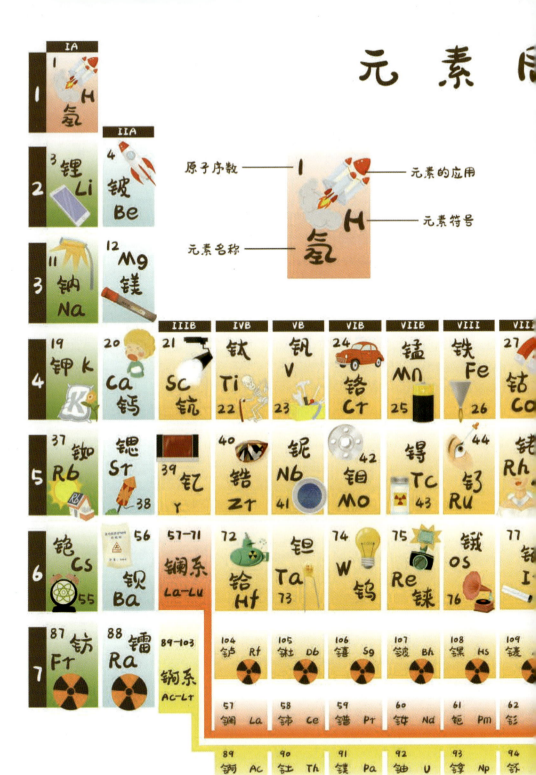

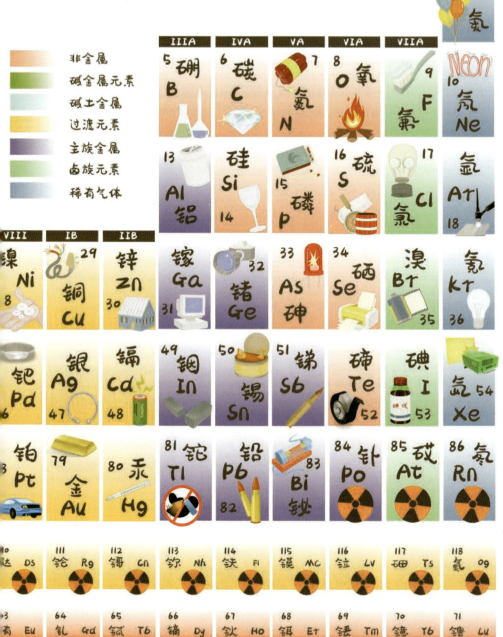

来自地壳的矿物

地壳是我们了解最多的圈层，目前已知的绝大部分矿物在地壳都有发现。地壳是地球固体圈层的最外层，平均厚度约为 17 千米，其中大陆地壳厚度较大，平均为 39 千米；高山、高原地区地壳更厚，最高可达 70 千米；平原、盆地地壳相对较薄。在地壳中最多的化学元素是 O，它占总质量的 48.6%；其次是 Si，占 26.3%；再就是 Al、Fe、Ca、Na、K、Mg。

地壳中最常见的矿物是长石，一类含 Ca、Na、K 的铝硅酸盐类矿物。地壳中的长石主要以斜长石（钠长石和钙长石按不同比例组成的固溶体系列 $NaAlSi_3O_8$–$Ca_2Al_2Si_2O_8$）的形式出现。斜长石为灰白色，在岩石中为板状或细柱状颗粒，为土壤提供 Ca。

■ 斜长石

石英是地壳中第二常见的矿物，其主要成分是 SiO_2，纯净者为无色透明，常含有少量杂质而呈紫色、红色、黄色等多种颜色，物理化学性质十分稳定，在自然界中也极为常见，如玛瑙、水晶等。

辉石族矿物属于链状结构硅酸盐，常见的辉石族矿物有普通辉石 $Ca(Mg, Fe^{2+}, Fe^{3+}, Ti, Al)[(Si, Al)_2O_6]$、顽火辉石 $Mg_2[Si_2O_6]$、钙铁辉石

■ 水晶

■ 普通辉石

■ 透辉石

■ 宝石级的锂辉石

■ 透闪石

■ 黑云母

$CaFe[Si_2O_6]$、锂辉石 $LiAl[Si_2O_6]$ 和透辉石 $CaMg[Si_2O_6]$。辉石族矿物为土壤提供 Ca、Fe、Mg 等养分。

角闪石族矿物属于链状结构硅酸盐，常见的有直闪石 $(Mg, Fe)_7[Si_4O_{11}]_2(OH)_2$、透闪石 $Ca_2Mg_5[Si_4O_{11}]_2(OH)_2$ 等。它们与辉石族矿物的区别在于：辉石是单链硅氧四面体结构，而角闪石是双链结构。角闪石族矿物为土壤提供 Ca、Fe、Mg 等养分。

云母族矿物是钾、铝、镁、铁、锂等金属的铝硅酸盐，呈层状结构。常见的云母族矿物有金云母 $K\{Mg_3[AlSi_3O_{10}](OH)_2\}$、白云母 $K\{Al_2[AlSi_3O_{10}](OH)_2\}$ 和黑云母 $K\{(Mg, Fe)_3[AlSi_3O_{10}](OH)_2\}$。

来自地幔的矿物

地壳朝着地心方向再往下就是地幔，地幔厚度约为 2900 千米，约占地球半径的 46%，占地球总体积的 87%。

地幔离我们那么远，我们如何探知地幔里的矿物呢？火山是一个很好的快递员，它在喷发时可以把地幔中的岩石碎片携带到地表。人们利用这些岩石碎片可以进行矿物分析，再结合地震资料就可以推断地壳以下岩石的结构。计算机模型可以帮助预测地球不同深度的温度、压力和化学成分，从而可以推断出可能存在的矿物类型。另外，现今在一些高温高压实验室可以开展实验岩石学工作，直观测定出地幔深部的温度压力下所发生的化学反应和形成的矿物组合。

橄榄石 $(Mg, Fe)_2[SiO_4]$ 在地幔中的含量非常高，是一种镁与铁的硅酸盐矿物，晶体呈现颗粒状。透亮的、橄榄绿色的橄榄石是天然宝石。因其清澈秀丽的色泽十分赏心悦目，象征着和平、幸福、安详等美好意愿，古代的一些部族之间常以互赠橄榄石表示和平。

■ 宝石级的橄榄石

地幔 30～60 千米的范围内，含量最高的矿物是尖晶石 $MgAl_2O_4$。尖晶石是镁铝氧化物组成的矿物，因含有 Mg、Fe、Zn、Mn 等元素，它们可分为很多种，如镁尖晶石、铁尖晶石、锌尖晶石、锰尖晶石、铬尖晶石等。有些颜色漂亮且透明度好的尖晶石可作为宝石。

■ 宝石级的尖晶石

地幔 60 千米以下的范围内，含量最高的矿物是镁铝榴石 $Mg_3Al_2[SiO_4]_3$。镁铝榴石是含 Mg、Al 的石榴石，其颜色变化介于淡褐红色至淡紫红色之间。颜色血红且透明纯净的镁铝榴石可作为宝石。最常见的结晶形态为菱形十二面体和四角三八面体。

■ 镁铝榴石

■ 显微镜下的布氏岩

在地幔 2700 千米以下的范围内，人类已无法获取样品。科学家认为下地幔主要由钙钛矿型结构的硅酸盐——布氏岩构成。布氏岩是一种高压形式的橄榄石，具有独特的结构，在地壳中从来没有被发现过。在很长一段时间里这种矿物只能在实验室里合成，直到它在陨石中被发现。

来自地核的矿物

地幔继续朝着地心方向再往深处就是地核。地核是地球的核心部分，位于地球的最内部，距离地表约 2900 千米。目前我们人类还没有办法获取地核的样品。科学家根据地震波可以计算地核的结构和大致密度，并根据地球有磁场推断地核之中应该含有大量的 Fe 和 Ni，认为地核应该由液态的外核和固态的内核组成。内核的压力为每 6.5 平方厘米 2200 万千克，是处于海平面的地球大气压的 330 万倍，温度大约是 6880℃。这种高热量是 46 亿年前，当气体、尘埃和构成早期太阳系的大块物质碰撞而形成地球时产生的。

科学家推测，地核的成分很有可能与来自其他星球的铁陨石类似。为什么会有这样的推测呢？太阳系形成初期，星云尘埃相互碰撞组成了一颗颗星球。碰撞产生的高温使这些星球呈熔融态，Fe、Ni 等密度大的元素下沉到星球的核心，并缓慢结晶为铁纹石和镍纹石，而 O、Si、Al 等密度小的元素上浮到表层，形成硅酸盐矿物组成的地壳。地球在形成时也经历了这一过程，因此地核的成分应该与铁陨石相似，即由铁纹石和镍纹石组成。

■ 铁陨石中镍纹石与铁纹石相互交织

（亮色条带为镍纹石，暗色条带为铁纹石）

3 矿物的"聚宝盆"——矿洞

矿物元素是我们看不见摸不着的,而那些形态各异、炫亮夺目的矿物晶体才是真正让我们眼前一亮的宝物。与成千上万吨的各种工业矿石相比,在自然界以完好单晶或晶簇产出的矿物数量很少。那么,这些美丽的矿物晶体是从哪里长出来的呢?通常来说,矿物晶体的形成需要一个能自由生长的良好空间,例如岩石的裂隙或孔洞。再就是溶液的过饱和度要比较低,使矿物结晶速度比较缓慢。在一定温度压力条件下,流体和洞壁围岩不断相互作用,才能生成各种发育完好的矿物晶簇。

通常来说,大个的、晶体形态漂亮的矿物往往会在一些洞穴里大量产出,我们把这种长满矿物的洞穴称为矿洞。洞壁上最常见的是碳酸钙——方解石,洞内的水滴,一滴接着一滴在洞顶和洞壁上流过,每一滴都在它流过的地方留下一点点方解石的沉淀。这种沉淀在洞顶上积累起来,逐渐形成一小块凸出的东西,再积累下去就成了乳头状,后来又长成一根完整的管子,就像鹅毛的细管,因此叫"鹅管"。这样的管子最初是空心的。但是,水还在一滴滴地往下滴,使管子越生越长,终于变成了好几米长的细枝条。从洞顶往下长的叫作钟乳石,从洞里地面往上长的叫作石笋。还记得我们曾经去游玩过的溶洞吗?如贵州安顺的龙宫、湖北咸宁的隐水洞等,里面都生长有密密麻麻的方解石矿物堆积而成的钟乳石,如梦似幻。

■ 矿洞里的钟乳石

当然,山洞里的矿物不只有碳酸钙一种,沉积着岩盐的山洞也非常有趣。这种山洞很大,里面很宽敞,非常容易受到水的冲洗,也非常容易从水里沉积出好看的晶体。绝大多数生成物的形状像细小的管子和帷幕。但是也有例外,当岩盐的结晶速度很慢很慢时,水溶液

■ 墨西哥矿洞里的石膏矿物晶体

里就会生出玻璃那样透明的立方体的盐晶体，在洞壁表面闪闪发光。墨西哥的一个山洞里就有类似的巨大晶体，但是那些晶体不是岩盐而是石膏，形状也不是方的，而是3～4米的长矛状。

这些美丽的矿物晶体又是怎么被运送出来的呢？

还记得一个叫作"黄金矿工"的挖金子小游戏吗？对，就是这些矿工深入矿洞，用铲子、钻头、手推车等老式工具将矿物晶体从狭窄、局限的地下空间开采出来，再从几百米甚至上千米深的矿井中运送到地面。这个过程十分艰辛。因此，任何一件保存完整的矿物晶体都是十分珍贵的。

当然，我们不仅可以在矿洞里找到矿物，在湖泊、沼泽、海底、沙漠也一样会发现大量的矿物甚至矿床，只不过矿物晶体可能没有矿洞里的那么惊艳。

■ 矿工开采矿物

小知识点

矿床——由地质作用形成的、有开采利用价值的有用矿物的聚集地。世界著名的矿床有美国的罗切斯特煤矿、南非的兰德金矿、智利的埃斯康迪达铜矿、巴西的卡拉加斯铁矿等。

4 简单几步教你识别手中的矿物

地球上的矿物多种多样,即使是"火眼金睛"的地质队员,恐怕也难以一眼认出矿物的"真身"。矿物晶体开采出来后很快就会流入到各种交易市场,坐地起价,价格悬殊。在你决定入手前,怎样才能不被无良商家"坑宰"呢?其实,掌握矿物鉴定的技巧并不难,我们只需要用到小刀、磁铁和放大镜这样的简单工具,再加上一些细致的观察,就能简便而科学地鉴定出一些常见矿物啦!

作为一位矿物界的"新手",你该知道矿物的哪些鉴定特征呢?矿物的物理性质,如光泽、颜色、条痕、透明度、解理、硬度、磁性等,在矿物的初步识别中起着重要作用。矿物的物理性质取决于矿物本身的化学组分和内部结构,是矿物最直观、最明显、最具代表性的性质。地质学家在野外辨识矿物,主要依据就是矿物的物理性质。

矿物的颜色

矿物的颜色是矿物跟可见光作用的产物。有的矿物颜色比较典型,仅凭颜色就可以将它和别的矿物区分开,如硫化物中的黄铁矿、雌黄、雄黄等,还有碳酸盐中的孔雀石、蓝铜矿等,都可以通过其典型的颜色而鉴别出来。然而,自然界中的大部分矿物单凭颜色是鉴别不出来的,如硅酸盐类和氧化物类的矿物,很多都是透明无色的,或者不同的矿物可能显现同样的颜色(详见第3篇)。因此,颜色只能作为少数矿物的诊断性鉴定特征。

矿物的条痕

矿物的条痕很好理解,就是用矿物在白色无釉的瓷板上划擦所留下的痕迹,所展现出的是矿物粉末的颜色。实际上,我们肉眼看到的矿物标本的颜色并不一定是该矿

■ 矿物的颜色和条痕

物的真实颜色，而矿物粉末的颜色可以体现其真实颜色。例如，黄铁矿的颜色为金黄色，条痕的颜色却是黑绿色。因此，矿物的条痕色相对于矿物颗粒来说，更加具有鉴定意义。

条痕主要的应用对象是不透明矿物和色彩鲜艳的透明至半透明矿物，尤其是硫化物或氧化物；无色、白色或者浅色的透明矿物，其条痕大多也是无色透明的，没有太多实际意义。当然，同种矿物的条痕也会有不同颜色的情况，比如形成于不同环境下的闪锌矿，其条痕颜色会随着铁含量的增高而由黄白色逐渐加深到褐色，因而地质学家可以通过条痕颜色去反推矿物的成因环境。

矿物的光泽

矿物的光泽是指矿物表面对光的反射能力，该性质取决于矿物对光的折射和吸收程度，折射和吸收程度越强，其反光能力越强，光泽就越强。矿物的光泽一般分为以下 4 个等级。

（1）金属光泽。具有金属光泽的矿物一般反光能力很强，如同光滑金属表面的反光，条痕呈现黑色或金属色，不透明，大多为金属矿物，如方铅矿、黄铁矿等。

■ 方铅矿

■ 黄铁矿

■ 辉锑矿

（2）半金属光泽。半金属光泽的矿物相比金属光泽的矿物反光能力较弱，好似未经打磨的金属表面所具有的反光，该类矿物条痕一般为深彩色，不透明到半透明，典型例子是赤铁矿和闪锌矿。

■ 赤铁矿

■ 闪锌矿

■ 黑钨矿

（3）金刚光泽。金刚光泽的矿物反光能力更弱些，但比玻璃明亮，有着金刚石般的光泽。条痕多为无色或者浅色，半透明到透明，最典型的矿物就是金刚石，还有砷铅矿、辰砂、雄黄等。

■ 砷铅矿

■ 金刚石

■ 辰砂

■ 锡石

（4）玻璃光泽。玻璃光泽的矿物反光能力最弱，呈现普通玻璃般的反光，多为无色或者白色，透明，典型的有石英、方解石、萤石等。

■ 石英

■ 方解石

■ 萤石

矿物的光泽主要就是以上 4 种。有时候我们也会观察到，在矿物单体或者集合体不太平坦的表面上会显示一些变异光泽，比如石英断口上的油脂光泽、闪锌矿断口上的树脂光泽、白云母解理面上的珍珠光泽、孔雀石断口上的丝绢光泽、蛇纹石表面的蜡状光泽以及高岭土表面的土状光泽等。

矿物的透明度

矿物的透明度指的是矿物允许可见光透过的程度，一般分为 3 个等级：透明、半透明和不透明。这 3 个等级的划分依据主要是矿物薄片的透光程度和矿物的条痕，相邻等级之间并没有一个绝对的界线标准。透明指的是允许大部分光透过，其条痕常常显示为无色、白色或者轻微浅色，典型矿物为石英、萤石、方解石和云母等；半透明是允许部分光透过，其条痕则显示各种彩色，典型矿物有辰砂（红色条痕）、雄黄（黄色条痕）和闪锌矿（黄褐色条痕）等；不透明是基本不允许光透过，矿物具有黑色或者金属钢灰色条痕，比如方铅矿、石墨、斑铜矿和磁铁矿等。

■ 透明的水晶

■ 半透明的辰砂

透明度是衡量宝石价值的重要标准，如水晶、碧玺、翡翠，透明度越高、越纯净，价值就越高。

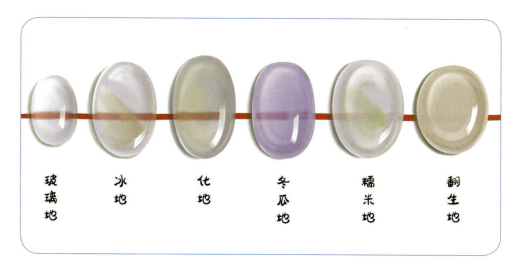

■ 翡翠的透明度比较

玻璃地　冰地　化地　冬瓜地　糯米地　翻生地

矿物的硬度

矿物的硬度是矿物抵抗外来机械作用（刻画、压入或研磨等）的能力。它是矿物鉴定的直观特征之一，操作方便，简易准确。现代测定硬度的方法很多，应用最广泛的为刻画法和静压入法。矿物的绝对硬度很难测量，需要在实验室中才能测试出来，这样的条件显然在野外是无法满足的。1822年，德国矿物学家腓特烈·摩斯（Friedrich Mohs）提出可以使用硬度逐步递增的10种常见矿物作为标准来测量矿物的相对硬度，这便是著名的摩氏硬度计。

这10种矿物都各自对应一个硬度等级，最低等级是1，以滑石的硬度为标准；最高等级是10，以金刚石的硬度为标准。在遇到某种其他矿物的时候，将其分别与这10种矿物互相刻画，就能判断这种矿物的硬度等级了。例如，将待测定的矿物与硬度计中某矿物（假定是方解石）相刻画，若彼此无损伤，则硬度相等，该矿物的硬度可定为3；若此矿物能刻画方解石，但不能刻画萤石，相反却被萤石所刻画，则其硬度当在3～4之间，该矿物的硬度可定为3.5。

在刻画的时候，尽量选择有棱角的矿物，并且以高硬度的标准矿物率先刻画待测矿物为宜，以此来避免低硬度标准矿物的棱角被破坏。当两矿物硬度接近的时候，便

■ 摩氏硬度等级

使用标准矿物和待测矿物相互刻画，以确定二者相对硬度大小。

实际鉴定中，我们也可以借助一些简单工具，比如指甲（硬度2.0～2.5）、小钢刀（硬度5.0～6.0）和玻璃（硬度5.5～6.0）等，以此来粗略测定矿物硬度。本书中矿物的硬度全部以摩氏硬度为标准。

矿物的磁性

你一定看到过磁铁（也叫吸铁石）可以吸引或排斥某些金属物品的现象吧，这就是磁性。磁铁是个很神奇的东西，我们小时候便对它印象深刻。下课后小伙伴们在教室里玩的磁铁大战是我们最难忘的童年回忆，两个磁力战士各拿一块磁铁，在中线两侧同时放好，等裁判一声令下，双方同时放手，越界的磁铁算输会被拿走，玩得不亦乐乎！此外，我们在动画片《猫和老鼠》里也会多次看到汤姆猫被杰瑞鼠利用磁铁整得好惨。

磁铁这个名称来自矿物磁铁矿，现代人类生活中用到的磁铁都是人工合成的，而天然磁铁就是磁铁矿。最早发现和利用矿物磁性的是中国人：2300年前（战国时期）就有人将磁铁矿磨成勺形放在光滑的平面上，在地磁的作用下，勺柄指南，被叫作"司南"，即世界上第一个指南仪。1000年前（北宋时期），人们用磁铁矿摩擦铁针将其磁化，制成世界上最早的指南针，这也是中国古代四大发明之一。

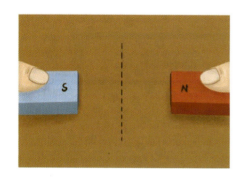

■ 磁铁"大战"

■ 天然的磁铁矿与人工合成的马蹄形磁铁

可能有人会问，是不是只要是金属矿物，就都有磁性呢？答案是：否。矿物的磁性主要是矿物成分中含有铁、钴、镍、钛等元素所致。磁性的强度与矿物中含有这些元素（特别是铁元素）的多少有关。自然界中磁性最强的矿物就是磁铁矿。我们在一堆黑乎乎的矿石里面用磁铁可以强烈吸引住的矿物，极有可能就是磁铁矿啦。

在野外精确测定矿物的磁性是十分不现实的，因此地质学家也将其简化成 3 个等级，以便于简单测量记录，一般使用马蹄形磁铁或者是磁化小刀来测试矿物磁性。

强磁性：矿物块体或者是大颗粒能够被吸引，比如磁铁矿。

弱磁性：矿物粉末可以被吸引，比如铬铁矿。

无磁性：矿物粉末不能被吸引，比如黄铁矿。

自然界内很多矿物都具有磁性，因此也有很多地方会产生异常的磁场，地球物理学家可以通过磁场的异常情况搜寻大型矿产，为国家基础建设行业提供物质保障。因此，矿物的磁性在矿物鉴定、分选和大范围找矿等方面都具有极为重要的意义。

以上介绍的这些矿物的性质就是其鉴定依据。研究人员将常见矿物的鉴定特征整理成册，如《岩石与矿物》中的"矿物图鉴"（刘光华和刘知纲，2012）。当我们拿着一件矿物标本时，首先观察它的这些性质，然后与"矿物图鉴"中各种矿物的鉴定特征进行对照，就不难鉴定出该标本的种类了。

5 你的家乡产有什么矿物？

天然矿物晶体的形成呈现极强的地域性，在我国幅员辽阔的国土上，矿物晶体种类丰富多样。我国现已形成西南、西北、华南、中南四大矿物晶体产区。

··· 西南产区 ···

西南产区以云南、贵州、四川为代表。这一地区矿产资源十分丰富，产出有异极矿、水锌矿、重晶石等。尤其是云南，与盛产宝石的缅甸、老挝、越南等国接壤，出产祖母绿、红宝石、绿宝石、碧玺等多种宝石级矿物，从而享有"宝石王国"的美誉。

西北产区

西北产区以新疆、青海为代表,新疆的花岗伟晶岩富含氧化硅和碱金属,多以绿柱石、黄玉等形式出现。伟晶岩的膨胀部位有晶洞发育,成矿活动中,所经历的时间和空间更有利于矿物晶体的生长和储存。海蓝宝石(淡蓝色宝石级的绿柱石)、碧玺(宝石级的电气石)等在新疆的花岗伟晶岩中比较常见;青海则以有色金属矿居多。

■ 云南麻栗坡的祖母绿

■ 新疆可可托海的海蓝宝石和黑碧玺

华南产区

华南产区以广东阳春最为著名,石录铜矿产的孔雀石,因结构完美,呈现丝绢光泽,花纹艳丽而扬名国内外。因此,阳春素有"孔雀石之乡"的美誉。

中南产区

中南产区以湖南、湖北、江西、安徽为主。这一地区历史上岩浆活动频繁,成矿条件较好。自湖北黄石、江西九江、安徽铜陵,向南延伸至湖南省,矿产以铜、铁、金、银元素为主,具有储量大、品位高等特点。与铜矿共生的矿物晶体特别多,常见的有蓝铜矿、黄铜矿、孔雀石等。

■ 广东阳春的孔雀石

■ 湖北大冶的黄铜矿

6 矿物晶体收藏小贴士

　　矿物晶体是具有科研和观赏双重价值的珍奇资源，是大自然赐予人类的天然、独特、精美、珍贵、不可再生的艺术品。收藏矿物晶体在西方国家已有数百年历史，在中国近十几年才兴起。我国幅员辽阔，蕴藏着无数的稀矿奇石，大量的精美矿物标本在国际市场上"艳压群芳"，成为国外矿物收藏爱好者和贸易商们争相追捧的对象。我国最早名扬海外的矿物晶体有湖南锡矿山的辉锑矿物晶体簇、湖南石门矿的雄黄雌黄组合和湘西凤凰、贵州万山一带的矛头辰砂双晶。

　　每一个完整的晶体都代表一个特别的矿物个体，种类与种类、个体与个体之间均不相同。换句话说，任何矿物晶体在世界上都是独一无二的，这种唯一性也是最为收藏家们所看重的特征，是许多其他收藏品所不具备的。了解了矿物的这些特点后，你是不是也想拥有一块属于自己的矿物晶体呢？在矿物晶体收藏中应该注意什么呢？在这里，我们为大家整理了9个小贴士，供广大矿物爱好者参考。

>>> Tips 1：稀有性

正所谓"物以稀为贵"，产出的矿物晶体品种越稀有就越珍贵。某些矿物很常见，如石英和方解石；而某些矿物相对少见，如磷氯铅矿。某些具有稀有性的矿物晶体并不一定很漂亮，但在行家眼里会有某种特别的美感。

>>> Tips 2：色泽度

色泽度包括颜色、光泽和透明度。颜色要纯正、鲜艳、悦目；光泽度越高，矿物晶体的视觉冲击力就越强烈；透明度越高，矿物晶体的视觉效果就越完美。

>>> Tips 3：晶体大小

晶体的大小与形成条件有关，单个晶体的尺寸越大越难形成，就越稀有，从而越值得收藏。由于自身财力限制，一般的收藏者都会收藏手掌大小的矿物晶体，而博物馆则会收藏一些体积超大的矿物晶体作为镇馆之宝。例如存放于湖南省地质博物馆的菱锰矿——"中国皇后"、存放于中国地质博物馆的"水晶王"。

>>> Tips 4：矿物晶体显示度

矿物晶体的主要部分应最大限度地得到展示，观赏面和观赏角度越多越好。

>>> Tips 5：矿物组合

晶体之间的组合能够使矿物晶体的造型和结构更加多变。在矿物晶体的组合中，主要的组合形式是多晶种伴生组合，一般而言，参与伴生的晶体种类越多、越稀有，矿物晶体价值就会越高。但这种组合的价值还和参与到伴生中的晶体品质有关，品质越好，收藏价值越高。

>>> Tips 6：完整性

晶体的完整性指晶体天然发育的完整程度和保存的完整程度。"残缺不是美"，完整性越高的矿物晶体，其观赏和收藏价值就越高。若在开采过程中或在后期保存过程中造成破损，矿物晶体的收藏价值会大大降低。

>>> Tips 7：奇特性

"出奇制胜"，矿物晶体在长期的成形过程中，由于地质条件和结晶环境的差别，有可能出现晶体间孪生、畸形和变异的情况，形成连晶、聚晶等非常态晶体。这些不同一般的晶体正如邮票收藏界的错票、残票一样，因为独一无二而增添不少附加价值。另外，颜色、光泽、透明度异常的矿物晶体也会为矿物晶体增加很大的价值。

>>> Tips 8：有围岩

围岩是指矿物晶体周围的岩石，与矿物晶体一起产出，正所谓"珠联璧合"。所有的上乘矿物晶体，都应该带有围岩，以显示其原始的生长状态。通常情况下，带有围岩的矿物晶体标本能反映矿物晶体的生长环境或生长过程，并且能为展示矿物晶体主体提供衬托效果。

>>> Tips 9：有产地信息和成因说明

详细的产地信息及矿物的成因说明为该矿物提供了一张"身份证"，保存了该矿物的地质资料和科学价值，使其更具有收藏价值。

第 3 篇 矿物颜色之美

漫游矿物世界 MANYOU KUANGWU SHIJIE

当我们看到某种矿物的时候，最先吸引我们眼球的就是它的颜色，矿物因色彩而瑰丽。作为矿物最迷人的性质，颜色是用来鉴定矿物的最重要特征，也是矿物定名的重要依据之一。很多色彩独特的矿物都是据其颜色和成分来进行命名的，如蓝铜矿、绿松石和黄铁矿等。可以说，颜色是矿物收藏界最重要的鉴赏标准之一。许多矿物晶体，特别是一些宝石级的矿物单晶或晶簇，都有丰富绚丽的色彩，像水晶、萤石、电气石和绿柱石等，都以色彩纯正鲜艳者为上品。

1 颜色的成因

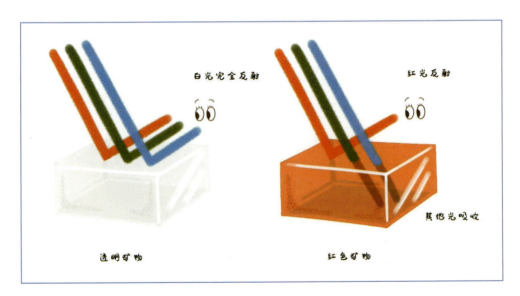

■ 物体呈现色彩的光学原理

我们能看到世界正是因为有光线进入我们的眼睛,世界之所以五颜六色是因为我们看到的物体对自然光的吸收和反射不一样。自然光呈白色,它是由红、橙、黄、绿、青、蓝、紫7种颜色的光波组成。

那么,矿物的颜色是怎样形成的呢?为何如此持久艳丽呢?矿物的颜色是矿物晶体对自然光吸收、反射或透射后在我们的眼中留下的影像。例如,一块无色透明的矿物,因其不吸收任何光波,自然光的颜色完全反射,我们看到的就是自然色,即白色;我们看到一块矿物为红色,是因为它吸收了其他颜色的光波而反射出红色光波。经过漫长地质作用形成的矿物拥有稳定的化学成分和结构,这便是其颜色持久的原因。

在自然界中,植物开出各种颜色的花朵是因为自身色素的合成作用,而矿物颜色千变万化,甚至同一种矿物呈现多种颜色,这又是为什么呢?这其中大有学问。矿物丰富的颜色来自复杂的致色因素,我们分别从自色、他色和假色这3种类别来了解一下吧。

2 缤纷的自色

自色是由矿物本身的化学成分和内部结构决定的颜色。一般来说,自色相当稳定,是同种矿物所共有的一种特性,比如含二价铁离子(Fe^{2+})的矿物往往呈现绿色,含有三价铁离子(Fe^{3+})的矿物呈现红褐色。矿物的自色主要有以下四种致色原理。

金属离子致色

矿物组分中含有Ti、V、Cr、Mn、Fe、Co、Ni等诸多过渡元素,可以吸收某些光波,会使得矿物显现出其反射出的光波的颜色。比如,含Cr矿物多显红色或是绿色,含Mn矿物多为粉红色等。

金属元素	颜色	代表矿物
钛（Ti）	蓝色	蓝宝石、锐钛矿
钒（V）	绿色、红色	沙弗莱石、钒铅矿
铬（Cr）	红色、绿色	红宝石、祖母绿
锰（Mn）	粉红色	菱锰矿、蔷薇辉石
铁（Fe）	绿色、蓝色、黄色	橄榄石、铁铝榴石
钴（Co）	蓝色、红色	辉钴矿、钴华
铜（Cu）	绿色、蓝色	孔雀石、蓝铜矿

■ 矿物中金属离子的常见颜色

电荷转移致色

当外来能量（可见光波）冲击矿物内部组分的时候，不同离子之间有可能发生电子跃迁，在这个过程中会发生可见光的选择性吸收，导致矿物呈现颜色。比如，蓝闪石的蓝色就是因为矿物结构中存在 Fe^{2+} 和 Fe^{3+} 之间的电荷转移，蓝宝石的蓝色是因为 Fe^{2+} 和 Ti^{4+} 之间的电荷转移。

■ 电荷转移致色示意图

晶格缺陷致色

矿物晶体有时候并不完美，在其内部结构中会偶尔这里缺个阳离子，那里缺个电子，这种情况就叫作晶格缺陷。晶格缺陷也被称为色心，可以在矿物晶体生长过程中形成，也可由电离辐射产生。这些晶格缺陷，可以选择性吸收某些色光，导致矿物呈现其残余色。最典型的例子就是各种颜色的萤石。

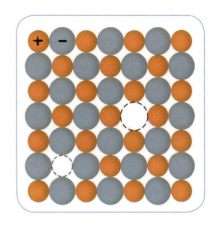

■ 晶格缺陷示意图

能带间的电子转移

矿物中的原子或离子的外层电子处于一定的能带，能带下部代表低能量的轨道，称为价带；上部代表高能量的轨道，称为导带；中间称为禁带。矿物可以吸收能量高于禁带宽度的色光，使得电子从价带跃迁到导带而呈色。最常见的例子就是辰砂。

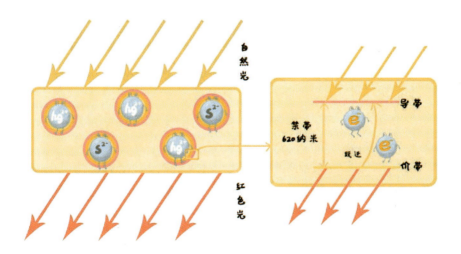

■ 辰砂晶体能带间电子转移示意图

漫游矿物世界 MANYOU KUANGWU SHIJIE

不知道大家是否记得,在2017年底的时候,央视打造了一款节目——《国家宝藏》。在该节目第一期展示故宫博物院藏品的时候,院长单霁翔先生拿出了一幅《千里江山图》。该图一经亮相便惊艳四方,它是我国青绿山水画的巅峰作品,色彩鲜艳,流光溢彩。绘画用的颜料都是矿物,画中石青、石绿是主色调,主要用来敷染山头和山体;赭石、墨是次要颜色,用来皴(cūn)染山脚和阴面。

或许有人会问:"这些珍贵的矿石用来做颜料不可惜吗?"但是,对于像《千里江山图》这样的传世名画来说,它值得。而这些矿石也只是换了一种更具艺术感的方式在诉说着历史,诉说着自然,不管是哪一代的人,都是它的倾听者。接下来让我们一起跟随彩虹的七种色彩来了解一下这些七彩矿物吧。

■ 收藏于故宫博物院的《千里江山图》(部分)

>>> 红——辰砂

红色是中华儿女最喜欢的颜色,是中国人的文化图腾和精神皈依。自然界中有许多红色系的矿物,它们象征着激情、热烈、斗志和朝气,深受大众的喜爱。谈及红色矿物,最典型的代表就是辰砂。

辰砂的成分为硫化汞（HgS），别名丹砂、朱砂等，其粉末呈红色，经久不退，故被作为颜料。辰砂在我国的应用历史极为久远，最早可以追溯至新石器时代（6600±300年前，河姆渡遗址），在当时的彩陶制作过程中，先民便会使用辰砂进行着色修饰。长沙马王堆

■ 辰砂粉末

汉墓出土的朱红菱纹罗丝绵袍上用的红色染料经检测就是用辰砂制成的。在清朝王宫，皇帝批示奏章所用的颜料多由辰砂制成，因而也称为"朱批"。在书法国画中，好的印泥材料常常是用辰砂调制而成；在中医上，辰砂常被用作安神、定惊的药物，中国古代用它作为炼丹的重要原料；此外，辰砂的单晶体可作为激光调制晶体，广泛应用于激光技术。

■ 马王堆朱红菱纹罗丝绵袍

辰砂的致色原理是能带间电子转移，其晶体的禁带宽度相当于620纳米波长的能量，可以吸收除了红色之外的其他色光，只有红色穿过晶体被人眼识别出来。

■ 菱面体状辰砂晶体

■ 六方柱状辰砂晶体

辰砂的晶体形态为菱面体、板状或六方柱状，一般比较小，5毫米左右，晶形标准、晶粒巨大的辰砂极为少见。在国际市场上，5～10毫米的完整晶体售价达200美元。集合体多为粒状，也可见致密块状等。辰砂是一种低温热液型的矿物，形成温度较低，常常与雄黄、雌黄、黄铁矿、石英或者方解石等矿物共生。我国是辰砂的重要生产国之一，在湖南晃县、江西婺源和贵州铜仁等地都多有产出，且品质优良。

■ 鸡血石工艺品

说到辰砂，不得不提的就是鸡血石了。鸡血石的主要成分就是辰砂矿物，因其颜色鲜红如鸡血而得名。鸡血石素有"四大国石"之一的美称，主要用作印章或工艺雕刻材料，是一种极为珍贵的天然宝玉石材料。

>>> 橙——芬达石

橙色是一种很温暖的颜色，代表了活力和勇气。自然界内橙色矿物比较稀少，最漂亮的当属"芬达石"，顾名思义，就是像芬达汽水那般颜色的石头。1991年，纳米比亚西北部与安哥拉接壤的库内内河流域，有人发现每当夕阳的最后一抹余晖消散，一些橙红色晶体开始闪闪发亮。这种晶体有着独特的火热橙色，经过研究鉴定，人们发现这是一种从未见过的石榴石，并取名为芬达石。

■ 芬达石晶簇

芬达石的学名叫作锰铝榴石，它的化学成分是 $Mn_3Al_2[SiO_4]_3$，属于石榴石家族内铁铝石榴子石系列的一员。它在晶体形态上，归属于等轴晶系，经常呈现出晶形完好的菱形十二面体、四角三八面体或二者的聚形，集合体常为致密粒状或致密块状；颜色主要为橙红色、橙黄色等；一般可见玻璃光泽，断口处大多为油脂光泽。

芬达石的橙色基调虽然由锰控制，但最终的色调变化多取决于铁的含量：当铁含量较高时，它会呈现橘红色和橙红色；当铁含量低的时候，多为金橙色和橙黄色；当锰和铁达到一定平衡的时候，会显示出非常鲜艳温暖的橙色。芬达石的稀有性和美观度决定了它是一种十分值得收藏的宝石品种。

■ 不同形态的锰铝榴石单晶

（上为菱形十二面体，下为四角三八面体）

锰铝榴石主要产于钠长石化伟晶岩中,世界上最好的锰铝榴石产在美国加利福尼亚州和马达加斯加的钠锂伟晶岩脉中,与电气石伴生。我国的新疆阿尔泰地区也有锰铝榴石产出,虽然能有较大晶体被开采出来,但是品质能够达到宝石级别的锰铝榴石晶体并不多。

>>> 黄——自然硫

说起黄色矿物,不得不提的就是自然硫了,它常常具有自然界中最为鲜亮的黄色,这种黄色是什么原因导致的呢?科学家们在研究之后发现,当自然光穿过自然硫的时候,自然硫中一些电子从基态跃迁到激发态所需要的能量正好与某些波长(紫、蓝、绿、橙和红等)的可见光能量相当,因而这些波长的可见光将会被矿物内的电子吸收,剩余部分的色光则透射过去,从而呈现出黄色。

■ 自然硫致色原理示意图

只有极为纯净的自然硫才可以显示出亮黄色,当矿物内含有其他杂质的时候,自然硫也可能出现红色、灰色、棕色乃至褐色色调。自然硫是一种单质矿物,化学成分是S。其晶形常呈菱方双锥状或厚板状,集合体的形态多样,包括块状、粒状、土状、球状、粉末状和钟乳状等。其双锥状晶形,金刚光泽,加上黄亮鲜艳的柠檬黄色,与基岩形成鲜明反差,具有较好的观赏性。

硫是一种非常丰富的常见元素,但是在地球表面很少能形成完整、纯净的晶体。它是硫酸盐、硫化物矿物和化石燃料的重要组成部分,也是大气、地下水的重要组成部分,同时也是几乎所有生物所必须的重要生命元素。许多强烈的气味都是由硫化合物产生的,比如臭鼬、大蒜和臭鸡蛋的气味。

■ 自然硫

　　一般来说，自然硫有两种成因：第一种为生物化学沉积作用，是在封闭型潟湖中由细菌还原硫酸盐而成，常与石灰岩层或石膏层组成互层。另外，在某些沉积层中，自然硫可以由黄铁矿氧化分解而成，也可以由石膏分解形成。第二种则是产生于火山喷气作用过程中，由火山硫质喷气冷凝（升华）结晶或由硫化氢气体不完全氧化产生，多位于火山口附近。

■ 产于火山口附近的自然硫

用手紧握硫的晶体放在耳边，可以听见其碎裂的声音，这是因为手心的热传到硫的表面，使得表面的晶体产生热膨胀，其内部则因热传导速度慢而不受影响。

自然硫用途多样，主要用于制造硫酸，还可以用于生产化肥、纸、炸药和橡胶等。自然硫具有毒性，其内可能含有砷杂质，容易导致肾功能衰竭、多发性神经炎、肝功能损害等，严禁口服。

>>> 绿——孔雀石

当我们说起绿色石头，大家第一个想到的是什么？祖母绿、翡翠、绿碧玺……但是有另一种绿色石头可能被咱们忽略了，而它的颜色绝对是与众不同的绝佳色彩，它就是孔雀石。

■ 孔雀石与孔雀羽毛

在我国古代，孔雀石被称为"石绿"，常被用作炼铜原料、绘画颜料及中药等。公元前4000年，古埃及人曾经把孔雀石称为"神石"，并作为护身符。更有著名的埃及艳后克利奥帕特拉七世，尤为喜爱由孔雀石制作而成的绿色眼影，这是她日常美妆的必备眼妆色。

14世纪至17世纪的文艺复兴时期，孔雀石为无数画家们带来灵感。波提切利在名画《春天》中，用孔雀石作颜料描绘了西风之神。19 世纪，沙皇视孔雀石为最倾心的建筑装饰，在举世闻名的圣彼得堡圣伊萨大教堂，一直耸立着光彩夺目的孔雀石柱子。

■ 电影《埃及艳后》中的
　克利奥帕特拉七世
（孔雀石被用来制作眼影）

■ 圣伊萨大教堂

孔雀石是含铜的碳酸盐矿物，化学成分为 $Cu_2(CO_3)(OH)_2$，因其有孔雀羽毛一样美丽的颜色和迷人绚丽的花纹而得名。孔雀石是由铜离子（Cu^{2+}）致色的，天然孔雀石呈现浓绿、翠绿的颜色，虽不具备珠宝的璀璨，但却是一种高贵之石，有着独一无二的高雅气质。深浅不一的绿色非常和谐，有一种浓妆淡抹总相宜的独特美感。由于孔雀石的颜色和纹理多变，世界上几乎没有两块相同的孔雀石。

孔雀石单晶呈柱状或针状，十分罕见，通常是以钟乳状、结核状、纤维状、肾状、皮壳状的集合体形式出现在自然界中。

■ 孔雀石粉末

钟乳状　　　　　皮壳状

针状　　　　　结核状

■ 孔雀石矿物集合体

孔雀石主要产于铜矿床氧化带,多是黄铜矿、辉铜矿氧化的产物,与蓝铜矿、辉铜矿等矿物共生。世界著名的产地有赞比亚、澳大利亚、纳米比亚、俄罗斯、刚果(金)、美国等。其在中国主要产于广东阳春、湖北黄石和赣西北地区。广东阳春石绿铜矿是我国著名的大型孔雀石、蓝铜矿矿床。

■ 与蓝铜矿共生的孔雀石

》》青——天青石

还记得周杰伦的那首《青花瓷》吗？这首歌不仅曲调婉转优美，而且歌词颇有文采，特别是那一句"天青色等烟雨，而我在等你，炊烟袅袅升起，隔江千万里"更是意境非凡。可是，你理解这句话的意思吗？

据说，天青色是瓷器中非常珍贵的一种颜色，要烧制出这种颜色必须要等到烟雨天气，想必是需要一定的空气湿度吧。正如雨后天晴的清新绚丽，天青色的魅力沁人心脾。如果有一种石头，天生就带有这样一种淡淡的天青色，是不是更有魅力？

1781年，人们第一次在意大利的西西里岛发现了天青石，它那清澈透明的晶体和淡淡的色彩让人不由自主地联想到天空，于是称呼它是"天国之石"。天青石的英文名称Celestine，原意是"天空、天堂"。事实上，天青石的颜色有很多种，如白色、橙色、粉红色、淡绿色、淡褐色，甚至无色透明。当然，其中最珍贵的当属淡蓝色或淡青色，由锶元素致色。最漂亮的天空蓝色天青石产于意大利、德国和马达加斯加等地。

■ 天青石

■ 天青石晶体

天青石的化学成分为硫酸锶（$SrSO_4$），是自然界中主要的含锶矿物。锶是一种银白色金属，广泛存在于土壤和海水中，甚至人体内也必不可少。长期以来，人们并没有发现锶到底有什么用；后来，人们根据锶燃烧的火焰是红色的这一特征，把它运用到军事上。用含锶化合物制造的信号弹、电光弹具有很好的照明效果。节日里燃放的美丽烟花也是靠锶元素产生的红光。

在工业上，天青石主要被用来加工成锶的碳酸盐和硝酸盐，其中90%以上用于生产碳酸锶。1968年，科学家发现碳酸锶能够强烈地吸收X射线，于是将其作为涂料敷在电视机显像管荧光屏以及一些特种玻璃上，可以很好地屏蔽有害辐射。

■ 烟花中的红色火焰来源于天青石中提取的锶元素

天青石属斜方晶系，单个晶体常呈板状或柱状，集合体呈粒状、纤维状、结核状等。天青石是如何形成的呢？地质学家认为，地球上的天青石矿主要形成于沉积矿床，是流动的含锶地下水在碳酸盐岩中发生溶蚀作用之后沉淀形成的。因此，它通常与重晶石、石膏、方解石、白云石、萤石等矿物共生。

■ 板状天青石单晶

世界上已知最大的天青石晶洞，位于美国俄亥俄州伊利湖中的一个小岛上。某一天，普廷贝小镇的几位工人正在为一家酿酒厂挖掘水井，忽然发现了这个地下晶洞。最宽处达 10.7 米，密密麻麻布满了大大小小的天青石晶体。最大的单个晶体宽度可达 46 厘米，质量约为 135 千克。

■ 世界上最大的天青石晶洞

>>> 蓝——蓝铜矿

蓝铜矿是含铜的碳酸盐矿物，化学式为 $Cu_3(CO_3)_2(OH)_2$，深蓝色，玻璃光泽。蓝铜矿的蓝色深而明澈，其蓝色色调来自矿物内的铜离子（Cu^{2+}），是一种相当稳定的自色。它是中世纪画家使用的蓝色颜料的主要来源，在欧洲是一种很常见的矿物。从 4000 多年前人类由石器时代进入青铜器时代起，它就被用来作为铸造钟、鼎、耕种和生活用品的矿物材料，与自然铜、红铜等一起成为炼制青铜器的原材料。

■ 蓝铜矿粉末及其画作

蓝铜矿属单斜晶系，单个晶体呈柱状或厚板状，通常以集合体形态存在于自然界中，有块状、柱状、结核状和饼状等。该矿物遇盐酸起泡，并且容易溶解。

■ 蓝铜矿柱状单晶（左）和厚板状单晶（右）

蓝铜矿形成于铜矿床的氧化带，是铜矿围岩蚀变的标志之一，是良好的找矿信号。地质工作者在野外找矿的时候，只要看到蓝铜矿（滚石或原生的），就知道附近一定有铜矿体的存在，在附近进行更详细的工作后，往往可以找到原生矿体。蓝铜矿常与其他含铜矿物（辉铜矿、赤铜矿、自然铜、孔雀石等）共生。

花朵状　　　块状　　　柱状

柱状　　　放射状

结核状　　　饼状

■ 蓝铜矿集合体

世界著名的蓝铜矿产地有赞比亚、澳大利亚、纳米比亚、俄罗斯、刚果（金）、美国等。其在我国主要产于广东阳春、湖北大冶和赣西北地区。

>>> 紫——萤石

说起紫色矿物，最常见的莫过于萤石啦。萤石的化学成分为氟化钙（CaF_2），又称氟石，是自然界中较为常见的一种矿物，之所以得名"萤石"，是因为它在紫外线或阴极射线的照射下会发出如同萤火虫一样的荧光。

萤石属于等轴晶系矿物，常常显示为立方体和八面体，偶见十二面体的晶体，也可见到颗粒状、葡萄状、球状或不规则块状。

■ 立方体萤石

■ 八面体萤石

萤石的呈色原理为晶格缺陷致色，正是这种结构缺陷使得萤石成为自然界中颜色最多变的矿物，由于晶格中的"空洞"被铁、镁、铜等离子填充而呈现出绿色、紫色、黄色、蓝色、棕色、橙色、粉色……如果把这些颜色找齐，会比彩虹还美丽，因此很多人称萤石为"彩虹宝石"。甚至还会出现多种颜色共存于一个晶体的情况，这种萤石被人们称为"幻影萤石"。

■ 七彩萤石

■ 多色共存的幻影萤石

萤石是工业上制造氟的主要原料之一，以其耐化学品、耐高低温、耐老化、低摩擦、绝缘等优异的性能，广泛应用于军工、航天航空、机械等领域。萤石在日常生活中的应用已经渗透到百姓的衣、食、住、行及医药卫生各个方面，是国计民生中不可或缺的重要资源。萤石在生物领域也有很重要的用途，例如含氟碳人造血管、人造心脏和骨骼。

萤石如此"千娇百媚"，普通人却难觅其"芳踪"，天然的萤石矿产需要经过地质学家和勘探队员的科学勘探才能被发现。萤石常常形成于伟晶岩内，是岩浆作用后期，高温气水溶液中的氟离子与围岩反应后冷却结晶形成。萤石的共生矿物有方解石、水晶、黄铁矿、钠长石、白云石和闪锌矿等。

萤石的重要产地有中国湖南、英国康沃尔、法国多姆山、瑞士勃朗峰、德国黑森林和美国纽约、田纳西州、科罗拉多州等。中国是世界上萤石矿产最多的国家之一，浙江金华号称"萤石之乡"，萤石矿床分布密集。近年来，江西、内蒙古等地也发现不少萤石富集区，为我国的萤石产地再添色彩。

3 美丽的他色

他色是指矿物因为外来带色的杂质或是包裹体而显现的颜色，可以是由于微量的杂质元素进入矿物晶格中产生的，也可以是因矿物中含有染色杂质的细微机械混入物而产生的，当矿物晶格中存在某种晶格缺陷时，也会引起他色。

他色与矿物本身的成分和结构并无关系，这种颜色无法作为矿物的鉴定特征。对于一种矿物来说，他色将随所含杂质组分的不同而变化。常见的他色矿物有水晶、刚玉等，它们在自然界中往往呈现出各种美丽的色彩。

水晶

水晶以其纯净、透明、坚硬的特点被人们所喜爱，并被誉为心灵纯洁、坚贞不屈的象征。其化学成分是二氧化硅（SiO_2），晶体呈六方柱状，柱面有横纹。纯净的水晶无色透明，但不同杂质的混入，可使水晶染成紫色（紫水晶）、绿色（绿水晶）、黄色（黄水晶）、棕色（烟晶）、黑色（墨晶）等。

紫水晶，是水晶家族中身价最高的一员，因晶体内含有锰离子（Mn^{2+}）、铁离子（Fe^{3+}）而呈现紫色，形成于较低温度和压力条件下的热液矿脉中。

粉水晶，又称蔷薇水晶、芙蓉晶、芙蓉石、玫瑰水晶，因晶体内含有磷、铝等杂质而呈现粉红色。稍具透明度、晶体质感圆润、色泽娇嫩的粉色水晶，行业内都称为芙蓉晶。

绿水晶，因晶体内含有镁和铁的化合物而呈现绿色。天然绿水晶十分罕见。

■ 五颜六色的水晶

黄水晶，因晶体内含有微量的铁离子（Fe^{2+}）而呈金黄色或柠檬黄色。由于亮度较好且色彩十分绚丽，透明而光洁，其常被切割成吊坠或戒面。

烟晶，又称茶晶，是水晶家族中最富有吸引力的成员之一。其颜色为淡淡的烟灰色，常常不均匀分布，犹如烟气在晶体中飘逸，它的颜色是因受到辐射产生的游离硅（Si）引起的。

墨晶，因晶体内含有微量的铝离子（Al^{3+}）而呈现出褐色或黑色。

小知识点

天然水晶 VS 人造水晶

相信大家都听说过施华洛世奇这个珠宝品牌吧，他家的水晶就是人造水晶，是用含氧化铅的玻璃合成的。那么人造水晶与天然水晶的主要区别是什么呢？

第一，天然水晶（除了顶级品种）或多或少都会有些杂质或裂纹，完全洁净无瑕的通常为人造水晶；

第二，天然水晶与人造水晶的温度是有差别的，天然水晶有明显的冰凉感；

第三，天然水晶表面呈油脂光泽，而人造水晶表面是玻璃光泽；

第四，用放大镜看晶体内含有圆形小气泡的，就是用玻璃合成的水晶。

刚玉

刚玉是红宝石、蓝宝石的矿物学名称，其化学成分为 Al_2O_3，纯净的刚玉通常无色。当刚玉晶体结构中含有微量的杂质元素（色素离子）时，会显示出不同的颜色，可以是可见光谱中的红、橙、黄、绿、青、蓝、紫的所有颜色。

■ 无色透明的刚玉

■ 五颜六色的刚玉

只有半透明或透明，且色彩鲜艳的刚玉才能做宝石。当它内部掺杂有铬（Cr）元素（色素离子）的时候，就会显现出鲜艳的红色，一般称之为红宝石；当它内部混有钛（Ti）元素的时候，则会显现出蓝色。而蓝色或其他颜色的刚玉，普遍都被归入蓝宝石的类别。

晶形完好的刚玉一般呈现六方柱状，少数呈现板状，其矿物集合体常常为粒状或致密块状。纯净的刚玉是透明的，存在较多杂质和包裹体的矿物则会逐渐变为半透明，其抛光面为玻璃光泽，在一些特殊结晶方向的抛光面上还可看到著名的"星光效应"。刚玉是目前自然界中所发现的硬度仅次于金刚石（钻石）的矿物，其硬度高达9，是摩氏硬度计的标准矿物之一。

■ 刚玉表面的"星光效应"

小知识点

天然刚玉 VS 人造刚玉

人类根据天然刚玉形成的温度、压力条件,运用科技手段压缩成岩时间,也能制造出刚玉矿物,其物理性质、化学成分和晶体结构与对应的天然红宝石、蓝宝石基本相同。

那么在购买时我们要怎么辨别呢?天然刚玉晶体为一定的几何多面体,而人造刚玉是梨形。此外,人造刚玉中常见气泡和未熔化的粉末,气泡小而圆,或似蝌蚪状。

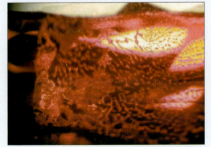

■ 人造刚玉中的蝌蚪状气泡

4 神奇的假色

假色是由物理光学效应所引起的颜色，这是自然光照射到矿物表面或者进入到矿物内部而发生的干涉、折射或者散射等引起的颜色。假色与矿物的化学成分和内部结构没有直接关系。

假色是某些矿物独有的特性，所以对某些矿物具有一定的鉴定意义。

矿物中常见的假色有3种类型：由裂隙引起的晕色、由氧化膜引起的锖（qiāng）色以及因不同观察方向而变换颜色的变彩。

晕色

晕色因某些矿物内部细密的解理面或裂隙面对光线连续反射而成，引起光的干涉，从而使矿物表面出现彩虹般的色带。这与生活中水面上的油光、蝴蝶的翅膀、肥皂泡泡产生的彩色原理相似。晕色在鱼眼石、白云母、冰洲石、透石膏这些无色透明的晶体解理面上容易见到。

■ 冰洲石的晕色

锖色

锖色是某些不透明矿物表面的氧化膜引起反射光的干涉作用，从而使矿物表面呈现出斑驳陆离的彩色。如斑铜矿表面独特的蓝、靛、红、紫斑驳的彩色，与彩虹色有明显的差异。锖色大多可以用小刀刮掉。

■ 斑铜矿的锖色

变彩

变彩是某些矿物内部存在诸多厚度近似光线波长的微细叶片状和层状结构，由此引起光线衍射和干涉，其颜色随光照方向或观察角度不同而改变。能产生变彩效应的矿物有拉长石、蛋白石等。

■ 拉长石的变彩

最为夺目缤纷的假色，当属蛋白石的各种变彩了。蛋白石是二氧化硅的水合物，天然硬化的二氧化硅胶凝体为非晶质结构。而在矿物学的界定里，只要是硬化的二氧化硅胶凝体均可称为蛋白石，无论是天然形成的还是后期玻璃烧制的。

■ 火蛋白石

蛋白石色泽艳丽华美，最常见的为蛋白色，微微透明。一些蛋白石具有强烈的橙、红反射色，它们被称作火蛋白石；也有一些蛋白石带有乳光变彩效应，即将其转动时可见到斑斓的红、橙、蓝、绿等色彩，被称作贵蛋白石。质量较好的蛋白石可以当作高档珠宝，俗称"欧泊""澳宝"等，主要产地为澳大利亚。

■ 贵蛋白石

中国历史上最著名的美玉——和氏璧，史书上记载，如果从不同的角度看它，会看到不同的颜色。有学者据此认为，和氏璧应该是一块白色的欧泊。

大千世界，矿物不计其数，色彩也丰富绚丽，当我们看到一种矿物的时候，不要单纯以它表面的颜色来判断矿物的类型，应结合其结构特征来判断。

5 会发光的矿物

说起会发光的矿物，大家首先想到的就是夜明珠。传说中的夜明珠，白天受到阳光照射后，到了夜晚就会发出美丽的荧光，其价值可比和氏璧。那么，夜明珠发光的科学原理是什么呢？原来，在地质运动过程中，地壳中的某些会发光的稀土元素"跑进"矿物里，这些元素在太阳光的作用下可以发出黄绿、浅蓝、橙红等颜色的光，并可以持续发光一段时间。在现代，人们根据这个原理，也能人工制造夜明珠啦！

这些含有会发光的稀土元素的矿物，不仅会在太阳光的作用下发光，还可以在其他外加能量的作用下发光。根据激发能量的不同，可分为光致发光（紫外线、可见光）、阴极射线发光（电子束）、高能辐射发光（X射线、γ射线、高速质子流）、热发光、电发光、摩擦发光和化学发光。

■ 夜明珠

当然，还有一些矿物不需要借助任何外界能量的激发，而是自带激活剂，如 ^{14}C、^{3}H、^{147}Pm、^{226}Ra、^{232}Th 等放射性同位素，能自身激发而永久发光。

根据矿物发光时间的长短，我们有两种叫法，一种叫作荧光，另一种叫作磷光。

一般来说，停止外界能量激发后，矿物发光立刻消失的出射光称为荧光；停止激发后，矿物发光还可持续一段时间的出射光，称为磷光。

小思考

传说中夜明珠发的光属于荧光还是磷光呢？

矿物的荧光

我们通常所说的荧光主要是指矿物在紫外灯的照射下发光的现象。其发光原理是，当矿物受到高能量短波长光线的照射时，晶体结构中的电子吸收能量后会从基态跃迁到高能级。但是处在高能级的电子极不稳定，很快就从高能级跃迁回到低能级，从而释放能量发出荧光。

能发荧光的矿物很多，最常见的荧光矿物有方解石、白钨矿、水锌矿。在不同光源（波长不同）的照射下，可能会产生不同的颜色。

■ 矿物在紫外灯照射下发出绚丽的荧光

在新泽西州的富兰克林锌矿中,方解石和硅锌矿在紫外灯的照射下,具有发光现象:方解石发出粉红色的荧光,像一块火热的煤一样;而硅锌矿发出鲜艳的黄绿色荧光。

■ 自然光下的方解石

■ 紫外灯下的方解石

这些发出荧光的稀土元素,因其在矿物中的含量不同,发出的荧光颜色也会不同。如紫外光照射下的白钨矿,当钼元素(Mo)含量约 0.5% 时,通常呈现光亮的浅蓝色荧光;当钼元素含量在 0.96%～4.8% 之间时,则为黄色荧光;当钼元素含量超过 4.8% 时,则为白色荧光。

■ 白钨矿的荧光

矿物的磷光

还有一些矿物，它们的晶体结构中的激发电子被晶格缺陷所捕获，如果捕获是暂时的，激发电子以一定的速度回落到基态，这个过程会产生能量差，刚好与某种可见光能量相当，由此产生某种可见光的颜色，并能持续一定的时间。故在外加能量停止后仍然继续发光，此缓慢衰退的发光成为磷光。

■ 磷灰石的磷光

很多人都知道，萤石可以发出持续时间较长的磷光，并认为萤石就是古人所说的夜明珠。当然，能够发出磷光的矿物不止萤石一种，还有金刚石、磷灰石、欧泊等。

■ 萤石的磷光

小故事

萤石的传说

关于萤石，有一个古老的传说。在古印度的一个小山岗上，当地人发现眼镜蛇特别多，这些蛇常聚集在一块巨石周围。好奇的人们决定一探究竟。

人们摸黑登上山头，发现那块巨石竟发出幽幽的蓝光。趋光的特性让飞虫们奋不顾身地扑向石头，成为等待已久的青蛙们的美食，而青蛙兵团又引来了眼镜蛇的围捕。原来，蛇聚于此是为了守"石"待"蛙"。这块会发光的石头就是萤石。

发光矿物带给人类的启示

科学家根据矿物发光的原理，将其广泛应用到电视荧光屏、X射线摄像机、发光水泥、夜光钟表等中。

用过验钞机的人应该记得这样的现象：当你把人民币放在验钞机的紫外线下进行照射时，真钞上就会显示出平时肉眼看不到的亮光，这就是利用了荧光物质在紫外线的照射下能够发光的原理。

■ 紫外灯下的钞票

还记得你们玩过的荧光棒吗？其发光原理就是过氧化合物和酯类化合物发生化学反应，反应产生的热量传递给荧光染料，染料遇热发出荧光。目前市场上常见的荧光棒中通常放置了一个玻璃管夹层，夹层内外隔离了过氧化合物和酯类化合物，用手折断玻璃管夹层，这两种化合物就可以接触并发生化学反应了。

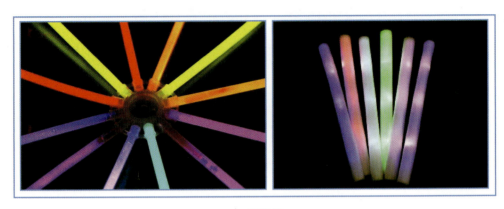

■ 荧光棒

此外，矿物的发光性对于某些矿物的鉴定和勘探工作有一定的意义。勘探工作者可以利用矿物的荧光效应进行找矿，如白钨矿、硅锌矿、金刚石等，其颜色在野外看起来和围岩很相近，不好识别，如果用一个手持紫外灯就容易多了，因为它们会在紫外灯的照射下发出美丽的荧光。

第 4 篇 矿物形态之美

漫游矿物世界 MANYOU KUANGWU SHIJIE

矿物的颜色是缤纷多彩的，矿物的形态更是千姿百态的。欧洲有句名谚：石头是上帝随手捏出来的，而矿物晶体是上帝用尺子精心设计出来的。的确，矿物晶体具有其他石头所没有的"精心设计"的几何结构。所有的晶体都有棱有角、有规有矩、平整光滑，像被人精心切磨、雕琢过的一样，具有普通石头所没有的对称美、结构美、韵律美和协调美。有的晶体表面曲折复杂，形成的几何图形或貌似名画或内藏玄机，令人产生无限遐想。

1 花样百出的形态

矿物的形态是其化学成分和内部结构的外在反映，在一定的外界条件下，矿物晶体常常趋向于形成某种特定形态。矿物的形态可以指单个晶体的形态，也可以是同种矿物集合体的形态，还可以是规则连生体的形态。在这里，我们根据晶体在三维空间的相对发育情况，将矿物的单晶形态分为一向延伸型、二向延展型、三向等长型。

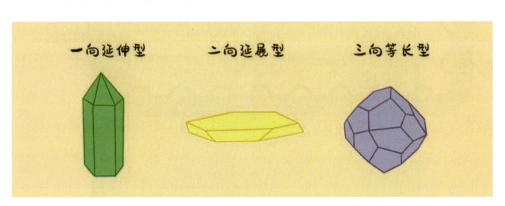

■ 矿物单晶的 3 种基本形态

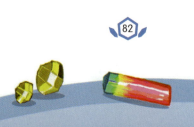

一向延伸型

在自然界中,有些晶体沿一个方向生长,形成犹如柱状、针状、纤维状等线状形态,这类形态称为一向延伸型,如水晶、绿柱石、电气石、角闪石、金红石等。

■ 纤维状自然银

■ 柱状锂辉石

有时候,一向延伸型的矿物喜欢"扎堆儿"似的长在一起,形成柱状集合体、针状集合体、纤维状集合体,放射状集合体,等等。

■ 金红石纤维状集合体

(六射星型分布,像一块精美的工艺品)

■ 绿柱石柱状集合体

(像一堆散落的筷子,杂乱地堆积在一起)

■ 辉锑矿放射状集合体　　　　　　　　■ 丝光沸石针状集合体
（单晶为长柱状，金属质感强烈）　　　（晶体像松针一样）

二向延展型

有些矿物晶体沿两个方向生长，即面状生长，形成片状、板状、鳞片状等形态，这类形态称为二向延展型，如重晶石、云母、石墨、绿泥石等。

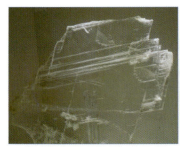  

■ 片状石膏　　　　　　■ 片状云母　　　　　　■ 板状重晶石

这些二向延展型的矿物聚集生长在一起形成板状集合体、片状集合体、鳞片状集合体、花朵状集合体、叠瓦状集合体，等等。

■ 锂云母片状集合体

■ 石膏花朵状集合体，常产出于沙漠地区，因形态像玫瑰花朵，被人们叫作"沙漠玫瑰"

■ 方解石花朵状集合体，像一朵绽放的睡莲，被人们叫作"方解石睡莲"

■ 菱锌矿花朵状集合体，像一束娇艳的香槟玫瑰

三向等长型

有些矿物晶体沿三维方向的发育程度基本相同，呈立方体、菱形十二面体、八面体等粒状形态，这类形态称为三向等长型。这些三向等长型的矿物会形成粒状集合体、树枝状集合体、晶簇状集合体，等等。常见的有萤石、黄铁矿、石榴子石、橄榄石、方铅矿等。

动手连一连

 四面体 •  • 黄铁矿

 八面体 •  • 钙铁榴石

 立方体 •  • 闪锌矿

 菱形十二面体 •  • 金刚石

 四角三八面体 •  • 白榴石

一般来说，具有立方体形状的矿物形成于低温热液环境，具有菱形十二面体形状的矿物形成于中温热液环境，具有八面体形状的矿物形成于高温热液环境。

隐晶质集合体和胶态集合体

根据矿物集合体中单晶颗粒的大小，通常将矿物集合体分为三种。

第一种叫作显晶质集合体，肉眼可以辨认出单晶形态，如上述的柱状集合体、针状集合体、片状集合体、粒状集合体等。

第二种叫作隐晶质集合体，显微镜下才能识别出单晶，包括球状集合体、葡萄状集合体、钟乳状集合体、土状集合体、树枝状集合体等。

第三种叫作胶态集合体（又称为非晶质集合体），这种矿物没有固定的几何外形，在显微镜下也不能辨认出单晶，如蛋白石、玛瑙，以及地质作用中由火山熔岩流快速冷凝而成的黑曜石等。

玛瑙

黑曜石

蛋白石

■ 几种典型的胶态集合体

动手连一连

萤石

绿松石

黏土

- 块状
- 树枝状
- 葡萄状
- 土状
- 球状

玛瑙

自然金

■ 几种典型的隐晶质集合体

2 奇妙的双晶

自然界里的晶体大多是两个或两个以上的晶体自然地生长在一起（晶簇），这被称为连生。连生分为不规则连生和规则连生，不规则连生就会形成矿物集合体，规则连生就会形成双晶。双晶又称孪晶，是两个或两个以上的同种矿物晶体按一定的对称规律形成的规则连生体。

常见的双晶有接触双晶、贯穿双晶和轮式双晶，如水晶的日本双晶、石膏的燕尾双晶、方解石的接触双晶、十字石的穿插双晶、正长石的卡斯巴双晶及萤石的贯穿双晶等。

接触双晶

接触双晶是指两个晶体相连，彼此间有明确而规则的接触面，这个接触面我们可以假想成一面镜子，使两个晶体产生镜像。若把一个单晶平行接触面旋转180°，即可与另一个单晶完全重合。这类双晶常见于水晶、方解石、锡石、石膏、金红石等矿物。

■ 水晶的接触双晶

最著名的接触双晶是"日本双晶"，因最早发现于日本而得名，现中国湖北黄石是有名的产地

■ 方解石的接触双晶。方解石的双晶形态特别多样化，有的平行连生如蝴蝶展翅（左），有的组成一块晶莹剔透的爱心（右）

■ 石膏的接触双晶，形态像燕子的尾巴，故被称为"燕尾双晶"

贯穿双晶

贯穿双晶也叫透入式双晶，是两个单晶互相穿插生长，在它们中有一个假想的轴或中心点，通过轴或中心点旋转或反伸，可使两个晶体重合或达到平行一致的方位。这类双晶比较典型的有黄铜矿、黄铁矿、萤石、辰砂、石膏、十字石等。这其中的石膏，除了可以形成贯穿双晶，也可以形成接触双晶。

■ 萤石的贯穿双晶

■ 十字石的贯穿双晶
两晶体呈 60° 的夹角互相贯穿形成爱心状，呈 90° 的夹角互相贯穿形成十字架状

■ 石膏的贯穿双晶　　　　　　　　　　　■ 黄铁矿的贯穿双晶

轮式双晶

轮式双晶又被称为环状双晶，是观赏性晶体中相当诱人且稀少的品种。它是指两个以上的单晶彼此以简单接触关系呈现环状或轮状连生而形成的双晶。根据单晶的个

■ 车轮矿的轮式双晶，名字即起源于双晶的形态，是一种稀有的矿物，
具有独特的观赏价值和美学意义

数，可以分为三连晶、四连晶、五连晶、六连晶、八连晶等。有的像雪花，有的像车轮辐条。常见的轮式双晶矿物有白钨矿、车轮矿、锡石等。

不是所有的矿物都会出现双晶的形态，双晶的形成与矿物晶体的结构特点及晶系的对称性密切相关，只有少数种类的矿物能够以双晶的形式产出，因此，双晶可以作为矿物的鉴定特征。

此外，双晶的形成还需要一定的外界条件。一般来说，稳定的结晶环境不利于双晶的形成。以石英为例，当结晶环境改变引起石英从高温结构向低温结构转变时，往往很容易形成双晶，即由于结晶环境的变化，导致高温石英（六方晶系）结构发生扭曲，变成低温石英（三方晶系）的结构，形成双晶。

不同的双晶，可以形成不同的形态，形状特殊、美观者，常常会得到矿物收藏者的青睐。

3 矿物表面的微形貌

矿物晶体的表面都是光滑平整的吗？仔细观察，你会发现许多矿物的表面具有各种各样的凹凸不平的天然花纹，称为晶面花纹。常见的晶面花纹有晶面条纹和蚀象等。

■ 电气石的晶面纵纹

■ 方解石的晶面横纹

漫游矿物世界 MANYOU KUANGWU SHIJIE

晶面条纹是指晶面上呈现的平行线状条纹，是一种自然的生长条纹。不同的矿物有不同的结晶习性，从而产生了不同方向的晶面条纹。有的条纹平行于晶体延长方向，称为纵纹，如电气石、辉锑矿、绿柱石等；有的条纹垂直于晶体延长方向，称为横纹，如黄铁矿、方解石、水晶等。

■ 黄铁矿的晶面横纹

■ 辉锑矿的晶面纵纹

水晶的晶面横纹

■ 扫码观看

蚀象与晶面条纹的成因截然不同，它是指晶体在长成后因遭受各种酸、碱或其他具有腐蚀能力的介质侵蚀后所遗留下来的一些凹斑。如金刚石是高温高压条件下形成的矿物，因此往往在晶面上有倒三角形态的凹坑。

■ 金刚石的蚀象

4 形态"百变"的矿物

不同的矿物会有不同的晶体形态，这个是容易理解的，而同一种矿物也可以呈现不同的晶体形态，这个会不会让大家感觉有些意外呢？但实际上，这种现象是客观存在的！

百变方解石

方解石是地壳中重要的造岩矿物之一，常发育形态多种多样的完好晶体，其形态多达 600 余种，块状方解石是最常见的一种形态，其他比较常见的几种形态分别有片状、板状、锥状和菱面体状。根据结晶温度从高到低，方解石矿物的晶体形态分别为片状→板状→双锥状→柱状→菱面体状。

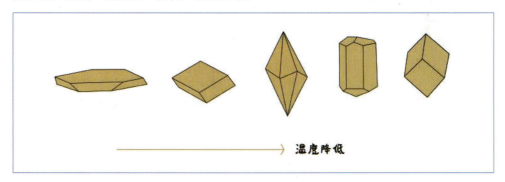

■ 不同温度下形成的方解石形态

■ 千姿百态的方解石

百变萤石

萤石还真是一种神奇的矿物，颜色多种多样，形态也多种多样。萤石单晶的标准形态有 3 种，即立方体、八面体、菱形十二面体，也有一些其他形态。当这 3 种基本晶型两两聚集在一起时，还可以形成很多更为复杂的形态。

立方体

八面体

菱形十二面体

立方体与八面体的聚形

■ 萤石单晶的 3 种形态

漫游矿物世界 MANYOU KUANGWU SHIJIE

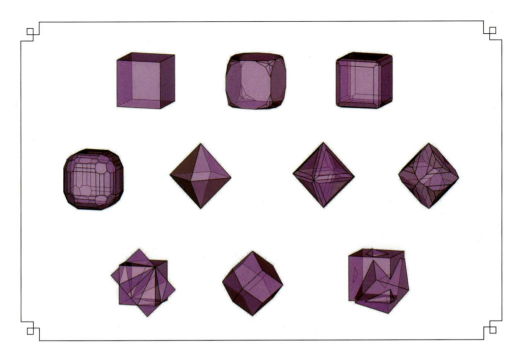

■ 萤石晶体的形态素描图

动手画一画

| 水 晶 | 重晶石 | 黄铁矿 |

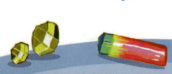

第 5 篇

矿物组合之美

岩石大多由多种不同的矿物成分按一定的比例组合而成，而在这里要给大家介绍的是肉眼可见的矿物晶体的共生组合。那些漂亮的矿物晶体组合，在自然界中并不常见，那"相伴相生"的美妙形态，让人欣赏之后不禁感慨大自然的神奇。由色泽不同、形态各异的多种矿物组成的晶簇往往比只有单一矿物组成的晶簇价值更大，这不仅因为其绚丽多彩的外观，还因为多矿物组合可以包含丰富的成因信息。同一成因、同一成矿阶段中形成的一组矿物，彼此互称为共生矿物。如果矿物之间形成的时间和成因不同，就不是共生矿物，而是伴生矿物。

比较典型的矿物组合有水晶与镜铁矿、雄黄与雌黄、石英与方解石、石英与萤石、蓝铜矿与孔雀石等。晶体完整，特别是有直立的晶体辅以相对较小的晶体、有主有次、错落有致的晶簇，常被视为佳品。

1　孪生姐妹：蓝铜矿－孔雀石

蓝铜矿和孔雀石是自然界中广泛存在的两种碱式碳酸铜。其中，蓝铜矿的化学式为 $Cu_3(CO_3)_2(OH)_2$，孔雀石的化学式为 $Cu_2(CO_3)(OH)_2$。蓝铜矿产于铜矿床的氧化带，在失去二氧化碳时，能转化为孔雀石；反之，在潮湿的空气和二氧化碳存在时，孔雀石又可以转化为蓝铜矿。正因为如此，蓝铜矿常常与孔雀石紧密共生在一起。

■ 蓝铜矿与孔雀石共生

蓝铜矿和孔雀石的共生体在赏石界被称为"姐妹花""孪生姐妹",因为它们不但化学成分、结晶习性相近,而且硬度、密度也相仿。靛青花般的蓝与孔雀羽毛般的绿,这两种艳丽的颜色搭配在一起十分协调、美丽,在铜矿家族当中相生、相伴,你中有我,我中有你,给人一种安静祥和的温暖,沉静静谧的气息似乎带着一股安抚人心的力量,因此,蓝铜矿－孔雀石在市场上被人们称作能量晶石。

■ 孔雀石转化为蓝铜矿,还保留了孔雀石的同心层状结构

■ 蓝铜矿－孔雀石手串

2 完美搭档:重晶石－萤石

这件重晶石和萤石的组合标本,产于江西赣州,形成于中低温热液矿脉中。重晶石,顾名思义,是质量很重的晶体,可用作钻井泥浆加重剂,成分为硫酸钡($BaSO_4$),是自然界中最常见的含钡矿物。

在这个组合中,基岩矿物是白色细粒的萤石,上表面覆盖了一层黄褐色晶莹闪亮的重晶石。整体看起来像一只俏皮可爱的小蟾蜍(俗称癞蛤蟆),白色的萤石细腻而温润,正如蟾蜍的白肚皮;而黄褐色的重晶石犹如蟾蜍背部的外皮,稍大颗粒的晶体恰似蟾蜍背上的疙瘩。

■ 重晶石与萤石组合

晶莹剔透:萤石-石英

果绿色的萤石与白色的石英共生,颜色清新,形态特别,就像夏日里的一杯冰沙,给人一种清凉的感觉。

这是一个典型的伴生矿物组合,产于福建。两种矿物分 3 个阶段形成,第一阶段结晶的是果绿色的萤石;第二阶段结晶的是浅蓝紫色立方体状萤石,上部颗粒大,底部颗粒小;第三阶段结晶的是白色细粒状石英,星星点点散布在萤石表面。

3 个阶段的含矿热液带来了成分不尽相同的成矿物质,有的晶体粗大,有的晶形完整,有的呈细粒状,说明在标本的形成过程中成矿物质来源、温度、压力等环境因素都发生了变化,经历

■ 萤石与石英伴生体

了漫长而又复杂的地质作用过程,才有了这晶莹剔透、色彩鲜艳、造型精美的萤石－石英晶簇。

4 黄金炒饭:石英－黄铁矿

在中温热液矿床中,石英经常与黄铁矿共生。这件标本中的石英是细粒状,晶莹剔透,黄铁矿为金黄色立方体状,有着强烈的金属质感,两者颗粒都比较小,分布均匀、协调,看起来像一碗香喷喷的黄金炒饭。五颜六色的光彩在各个晶面上变换,在各个点线面间闪烁跳跃,此起彼伏,璀璨无比。

黄铁矿是铁的二硫化物,化学式为FeS_2,颜色为浅的黄铜色,具有明亮的金属光泽,常被误认为是黄金,故又称为"愚人金"。它虽非黄金,却是金的"示踪者":黄铁矿和黄金的形成条件相似,两者经常共生为一体。此外,黄铁矿的出现可能标志着周围一定区域内存在金矿,有经验的矿工在矿脉中看到有黄铁矿时,往往能顺藤摸瓜找到黄金。

■ 石英与黄铁矿组合

5 鸳鸯矿物：雄黄－雌黄

雄与雌，一般是指有生命体的性别，如动物的雄性与雌性，植物的雄株与雌株、雄花与雌花或雄蕊与雌蕊。把矿物分为雄与雌却是极少的。雄黄与雌黄总是相伴相生，好像鸳鸯一样形影不离，故被称为"鸳鸯矿物"。

雄黄与雌黄都是砷的化合物，二者的化学式也非常相似，前者为 As_4S_4，后者为 As_2S_3。大多数的雄黄和雌黄一起形成于低温热液环境，雄黄经过氧化也可以变成雌黄。

■ 雄黄与雌黄，图中橘红色晶体为雄黄，柠檬黄色晶体为雌黄

雌黄作为一种罕见的清晰、明亮的黄色颜料被长期用于绘画，敦煌莫高窟壁画使用的黄色颜料里面就有雌黄。在中国古代，雌黄的颜色与当时的纸张颜色相近，因此经常被用来修改错字。北宋范正敏《遁斋闲览》有记载：有字误，以雌黄灭之，为其与纸色相类，故可否人文章，谓之雌黄。由此可见，雌黄这一神器可以称得上是古代版的"涂改液"。后来雌黄一词有篡改文章的意思，引申为"胡说八道"，于是有了成语"信口雌黄"。

6 高端大气：雄黄 – 方解石

这是一件红色柱状雄黄与白色菱面体状方解石的共生组合标本，矿物晶体棱角分明，雄黄的金刚光泽散发着珠光宝气，与方解石的玻璃光泽形成强烈对比。这件标本的形态和颜色令人痴迷，仿若一只贵气的手紧握着一块珍贵的红色宝石，也似一个天然的展示台在向观众展示着一块珍品。在白色方解石的衬托下，这块红色的雄黄晶体显得格外高端大气，可与红宝石媲美。

方解石广泛形成于自然界的各种环境中，也就是说，它的成因类型较多。而在这件标本中，方解石与低温热液成因的雄黄共生，很清楚地告诉了我们该方解石也是形成于低温热液环境的。

■ 雄黄与方解石组合

小思考

这块红色的雄黄和辰砂在外形和颜色上都很像，你能用前面讲到的知识将二者区分开吗？

扫码看答案

7 交相辉映：鱼眼石－辉沸石

鱼眼石是含有结晶水的钾、钙硅酸盐矿物，呈玻璃光泽或珍珠光泽，类似于鱼眼睛的反射色，故称为鱼眼石。单晶体形态有柱状、板状和颗粒状，颜色有无色、白色、褐色、浅绿色、浅玫瑰红色、粉红色、橘红色等，硬度 4～5。

我国湖北黄石冯家山地区产出的浅黄色板状鱼眼石达到了宝石级别，极具收藏价值。令人遗憾的是，冯家山的鱼眼石产量十分稀少，1～2 年才能产出一批，每批不过 2～3 千克。由于外国人和外地收藏

■ 鱼眼石与辉沸石组合

家大量收购，品相好的鱼眼石往往一从矿井里取出便会被人买走。因此在当地，许多矿物收藏者对鱼眼石也是只闻其名，未见其形。在我国，鱼眼石可算得上是珍稀矿物了。

■ 无色透明的鱼眼石

沸石是一种含有结晶水的铝硅酸盐矿物，灼烧时会产生沸腾的现象，故名为沸石。单晶体形态多样，有纤维状、毛发状、柱状，少数呈板状或短柱状。形成于低温热液阶段，主要产于火山岩的裂隙中，也见于温泉沉积。自然界已发现的沸石有 80 多种，较常见的有方沸石、菱沸石、钙沸石、钠沸石、丝光沸石、辉沸石等，都以含钙、钠为主。它们含水量的多少随外界温度和

湿度的变化而变化。纯净的沸石均为无色或白色，玻璃光泽，硬度 4～5。

鱼眼石与沸石在结构上相似，常常在玄武岩、花岗岩、片麻岩中共生。这件标本产于印度，无色透明的鱼眼石基岩上散布着粉色的辉沸石，辉沸石的大颗粒和粉嫩的颜色点缀了无色透明的鱼眼石，而鱼眼石的透亮也衬托了辉沸石，二者交相辉映，极具观赏性和收藏性。

8 宇宙之光：电气石 – 叶钠长石

这是一件电气石与叶钠长石共生的标本，基岩是锂云母。两根散发着绿光的电气石好像两座高大的斜塔稳健而雄伟地屹立着，与基岩一起形成一个稳定的三角形架构。从基岩中不断出露的叶钠长石洁白无瑕，像美丽的雪花散落大地。基岩中紫色的锂云母像雪莲花般附着在电气石晶体的底部，给整件标本增添了许多活力，这样搭配更显出一种万物复苏的勃勃生机。

这件标本可以称得上是宝石级收藏品，发现和开采于 2004 年巴西米纳斯吉拉斯州多塞村佩德内拉矿山，由世界著名碧玺收藏家格哈德·瓦格纳收藏十余年之久，后经美国时尚公司总裁、美国甜蜜之家的拥有人布莱恩·李斯带到中国参加中国地质博物馆举办的"2017 年世界矿物精品展"，让现场的参观者都赞叹不已。

■ 电气石与叶钠长石组合

9 雪落红梅：辰砂 – 白云石

这块标本是白云岩晶洞的一个切面，产地是贵州省铜仁市，晶洞里面"住"着辰砂。自然界产出的辰砂通常是粒径在 1～5 毫米的细小晶体，像这样超过 1 厘米的晶体可以算是十分珍贵的。鲜红色的辰砂与白色的白云石形成鲜明对比，就好像一片白茫茫的雪地里绽放着几朵绚丽的红花，清新脱俗，华美动人，让人产生无尽的遐想。艺术性和观赏性极佳。

■ 辰砂与白云石组合

白云石属于碳酸盐类，辰砂与白云石共生，说明其成因与碳酸盐沉积有关。世界著名的辰砂产地当属我国贵州。贵州省铜仁市产出大片的低温热液汞矿床，这些矿床多分布在地质年代较为久远的燕山期（约2.05亿～6500万年前）的碳酸盐沉积岩带内。世界上产出最大最美辰砂晶体的那些汞矿床都经历了一个极其漫长的演化过程。

这要追溯到 5 亿多年前的寒武纪，甚至更早的新元古代时期，剧烈的地质构造运动在铜仁地区造就了有利于汞元素（Hg）富集、迁移并最终形成富含绝美辰砂晶体的汞矿床的地层。这里的岩层孔隙度好，构造裂隙较为发育，晶洞、溶洞、角砾化带为辰砂提供了得天独厚的富集条件和结晶温度及晶体生成空间，使得贵州的辰砂晶体出落得美轮美奂。

10 沙漠绿洲：海蓝宝石－白钨矿－白云母

矿物因形成条件丰富，往往还会出现多种矿物共生现象。形态清晰的矿物晶体，共生矿物的种类越多，越具有收藏和审美价值。

这块标本是海蓝宝石－白钨矿－白云母组合，形成于中、高温热液环境。这种组合比较稀有，基岩是白云母片岩，远看像一片沙漠；黄褐色的粒状白钨矿像沙漠上零星分布的一个个小沙丘；淡蓝色的海蓝宝石像沙漠上的一片片绿地，给人生机勃勃的感觉。

海蓝宝石是绿柱石家族成员之一，六方柱状结构，它的蓝色是因为含有铍元素。海蓝宝石主要产于伟晶岩中，要聚集足够的铍等元素来形成伟晶绿柱石等矿物，可能需要超过 10 亿年的水岩相互作用。

■ 海蓝宝石－白钨矿－白云母组合

漫游矿物世界 MANYOU KUANGWU SHIJIE

小故事

海蓝宝石的传说

传说中海蓝宝石产于海底，有着海水一样的色泽，象征着海水的精华。在幽蓝的海底住着一群美人鱼，她们平时用海蓝宝石作为自己的饰品，打扮自己。当她们遇到困难或危险的时候，只要让海蓝宝石接受阳光的照射，就可以获得神秘的力量来帮助自己。

航海家用它祈祷海神保佑航海安全，称其为"福神石"。在电影《加勒比海盗》中，如果你仔细观察，就会发现佩戴着许多花哨玩意儿的水手们，脖子上大多戴着一块蓝色的宝石，那便是海蓝宝石。

无论是在东方还是西方，水都被看作生命之源，而三月正是地球上一切生灵开始活跃起来的时间，所以具有"水"属性的海蓝宝石就被定为三月的诞生石，象征着沉着、勇敢和聪明。

第 6 篇 矿物成长记

漫游矿物世界 MANYOU KUANGWU SHIJIE

除去人工合成的元素，自然界天然存在的化学元素只有 94 种，却组成了数千种天然矿物。元素组成的不同原子 / 离子配比的差异、晶体结构的不同都会导致矿物种类的不同。地球好像是产生矿物的一台引擎，多亏了它内部巨大的热量才能产生现今我们看到的丰富多样的矿物。由于地球的体积大，内部温度高，地下深处的岩浆种类极为丰富，每种岩浆在结晶和运移的过程中成分也会发生变化，最终不同成分的岩浆冷凝时会生成不同的岩浆岩矿物。而这些岩浆岩矿物只是矿物大家族的一小部分。化学课上我们了解到，对于同一种物质，给予不同的添加剂和实验条件，可以反应生成不同的产物。在地球表面常有水浸酸蚀，地球内部更有高温高压。不同矿物在复杂的环境下与周围的物质发生反应，又衍生出了成百上千种新矿物，甚至同样的化学成分在不同的环境下也能组成不同的矿物。或许你已经被"道生一，一生二，二生三，三生万物"的矿物形成方式弄迷糊了。其实可以简单地这样理解：矿物结晶有几种不同的方式，有些是受到炽热岩浆的加热后在冷凝的过程中结晶而成，有些是化学成分溶于水中形成，有些是在已形成的矿物基础上发生质变而形成的新矿物。接下来，让我们了解一下矿物是如何形成的！

1 在岩浆作用下新生

火山喷发时，喷出的岩浆到达地表冷凝会形成大小不一的气孔，在火山通道内部也会形成各种裂隙和大大小小的岩洞，这些气孔、裂隙或岩洞为后期矿物的结晶提供了空间。

有些矿物是在岩浆冷凝的过程中结晶而成的。地壳下面的岩浆熔体是一种成分极

为复杂的高温硅酸盐熔融体，状态就像炼钢炉中的钢水。大量的岩浆从深不可测的地底下往上升，顺着地下的裂缝钻进地壳，里面还夹带着火热的挥发性气体，在上升过程中温度不断降低，慢慢冷却而凝成固体。当岩浆温度低于某种矿物的熔点时就结晶形成该种矿物，好多种矿物最初就是这样形成的。熔点最高的铁镁硅酸盐矿物（橄榄石、辉石）形成于岩浆温度最高时，也就是最早结晶，而熔点较低的矿物（长石、石英），则在后期结晶形成。

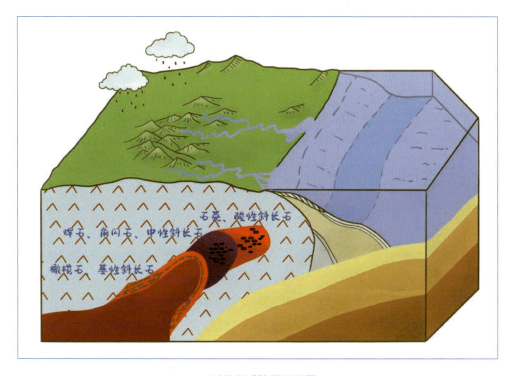

■ 矿物形成阶段示意图

岩浆结晶过程中会分异出富含多种挥发分和成矿元素的热流体，被称为热液。在不同的地质背景条件下，可形成不同组成、不同来源的热液，温度多在 50～500℃之间。高温热液（300～500℃）作用易形成绿柱石、磁铁矿、黄玉、电气石、萤石等矿物；中温热液（200～300℃）作用易形成黄铜矿、方铅矿、黄铁矿、闪锌矿等矿物；低温热液（50～200℃）作用易形成雄黄、雌黄、辉锑矿、辰砂等矿物。

■ 高温热液产物：黄玉（左）和萤石（右）

萤石

萤石的化学成分是氟化钙（CaF_2）。地壳深部向上运移的气水溶液中含有许多以氟为主的络合物，气水溶液在上升过程中遇地下水，温度降低，压力减小，气水溶液中的氟离子与周围的钙离子发生反应，形成氟化钙，冷却结晶后就得到萤石。

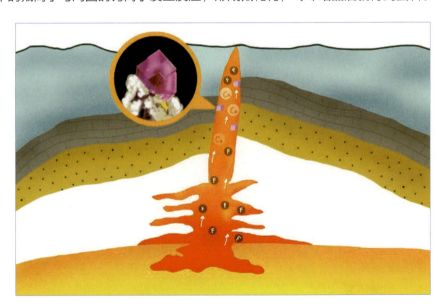

■ 萤石的形成过程示意图

■ 中温热液产物：黄铁矿（左）和铁闪锌矿（右）

雄黄	雌黄
辉锑矿	辰砂

■ 低温热液产物

矿物在缓慢冷却的熔岩或热液中可以充分地发展生长，从而生成完好、体型较大的晶体，如电气石、托帕石、绿柱石等稀有矿物。这些晚期岩浆中的残余液体含有丰富的外来元素，当含有硼和锂时就可能形成电气石；当含有氟时可能形成托帕石；当含有铍时可能形成绿柱石……正因为这些矿物稀有，当达到色彩瑰丽、晶莹剔透等条件时，经过加工就可以成为珍贵的宝石。

电气石

电气石是宝石碧玺的原石，一种硼硅酸盐晶体，硬度大于水晶。晶体形态为柱状，横切面呈弧线三角形，纵面可见密集的竖条纹。电气石最早发现于斯里兰卡，当时被视为与钻石、红宝石一样珍贵的宝石。人们注意到这种宝石在受热或摩擦时会产生静电磁场，能吸附周围较轻的物体，这种现象称为热释电效应，故得名电气石。电气石因含有铁、镁、锂、铬、锰等化学元素，呈现各种绚丽的颜色。

绿柱石

绿柱石是铍-铝硅酸盐矿物，晶体呈六方柱状，主要产于花岗岩伟晶岩中。绿柱石都是绿色的吗？答案是：否。纯净的绿柱石是无色的，甚至可以是透明的，当铍和铝被不同的微量元素替代时就会产生各种不同的颜色。其中最名贵的当属祖母绿，其次就是海蓝宝石。

含铁元素的绿柱石呈绿色，当这种绿色的绿柱石晶体中混入铬元素时，就形成一种雍容华贵的翠绿色宝石——祖母绿。祖母绿是绿柱石家族中最经典的代表，也是最珍贵的种类，被称为绿宝石之王。其高贵迷人的魅力和独一无二的绿色，仿佛喷射而出的绿色火焰，让看到它的人都为之倾倒。哥伦比亚是世界上最著名的祖母绿产地。

■ 祖母绿宝石

动手连一连

什么元素让我变成这些颜色？想一想，连一连。

■ 扫码看答案

● 铬（Cr）

● 铁（Fe）

● 镁（Mg）

● 锰（Mn）

● 锂（Li）

■ 颜色各异的电气石

当绿柱石晶体中混入二价铁离子（Fe^{2+}）时，就形成天蓝色或海水蓝色的海蓝宝石。海蓝宝石的名称来源于拉丁文"海洋之水"，人们很早就发现了这种闪耀在各式各样蓝色调之中的宝石，从天空般明亮的淡蓝色到大海一样深邃的深蓝色，直至今日一直深受世界各国宝石收藏家的追捧。凝视它的蓝色，能够让人情绪镇静，精神放松。世界上最优质的海蓝宝石主要产自巴西。

■ 海蓝宝石

当绿柱石晶体中的 Fe^{2+} 变成 Fe^{3+} 时，显示出浅柠檬黄色，被称为金绿柱石。这种绿柱石晶体内部纯净，杂质较少，给人一种纯净透彻的感觉。当绿柱石晶体中混有锰元素时，则显示出粉红色，被称为粉红绿柱石或摩根石。

■ 金绿柱石　　　　　　　　　　　　　　■ 摩根石

2 在沉积作用下重组

地壳深部形成的矿物在地表环境中破碎、分解，一部分被水流搬运到干涸的内陆湖泊、封闭或半封闭的潟湖或海湾，在干旱炎热的气候条件下经过蒸发结晶，形成一系列易溶于水的盐类矿物，如卤化物（石盐）、硫酸盐矿物（石膏）、硝酸盐矿物（芒硝）、硼酸盐矿物（硼砂）等；另一部分被水流带到入海盆地、内陆湖泊或沼泽盆地

石盐　　　　　　　　　　　石膏

芒硝　　　　　　　　　　　硼砂

■ 蒸发结晶形成的盐类矿物

■ 柴达木盐湖
盐湖里的水长期蒸发而达到饱和,从中结晶出石盐等许多盐类矿物

中,与水发生作用形成具有稳定层状结构的氧化物(赤铁矿、磁铁矿),氢氧化物(铝土矿、蓝铜矿、孔雀石)。这些矿物往往呈鲕状、豆状、肾状、结核状等集合体形态,如在深海底层发现的大量锰结核。

■ 矿物与水作用形成的氧化物、氢氧化物

3 在变质作用下蜕变

矿物在温度和压力环境改变的情况下会发生成分和结构的变化从而形成新的矿物,这个过程被称为变质作用。变质作用虽与温度有重要关系,但温度并没有使原岩熔融,而是在岩石基本上保持固态的情况下进行的(一旦原岩完全熔融,就属于岩浆作用了)。常见的变质作用有接触变质作用和区域变质作用。

接触变质作用

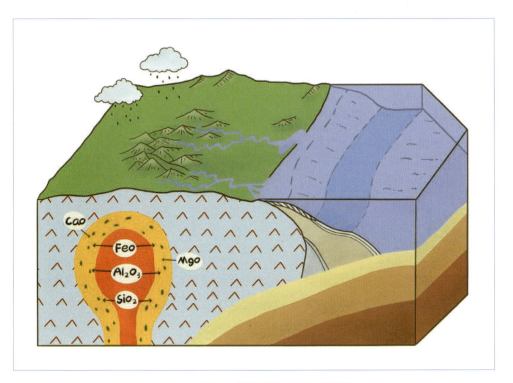

■ 接触变质作用形成矿物示意图

岩浆喷出使得温度和压力发生变化，岩浆在喷出的过程中接触到周围的岩石，岩石中的矿物成分与岩浆中的组分发生物质交换形成新的矿物。一方面，岩浆中的 FeO、Al_2O_3、SiO_2 等成分扩散到周围的岩石中；另一方面，岩石中的 CaO 和 MgO 等成分进入到岩浆中，在岩浆和岩石的接触部位形成一系列 Ca、Mg、Fe 质硅酸盐矿物，最常见的有硅灰石、透辉石、钙铝榴石、符山石等，同时也会形成磁铁矿、白钨矿、黄铜矿、闪锌矿等金属矿物。

■ 接触变质形成的常见矿物

区域变质作用

区域变质作用是由于某个地区的构造运动使得整个区域的温度压力发生变化，导致某些矿物的成分和结构发生变化，从而形成新的矿物的过程。例如，含 SiO_2、CaO、MgO、FeO 成分的岩石在区域变质作用下易形成透闪石、阳起石、透辉石等矿物。若原来岩石的主要成分是 SiO_2 和 Al_2O_3 的黏土岩，经区域变质作用后可能出现的矿物有石英、红柱石、蓝晶石、夕线石、刚玉等。

透辉石

透闪石

阳起石

红柱石

刚玉

蓝晶石

■ 区域变质作用形成的矿物

4 同质多象三姐妹：红柱石－蓝晶石－夕线石

红柱石、蓝晶石、夕线石具有相同的化学成分，都是含铝硅酸盐 Al_2SiO_5，只是因为生长的环境不同，而形成外貌截然不同的"三姐妹"。这是矿物界典型的同质多象。

同质多象的概念是，同种化学成分的物质，在不同的物理化学条件（温度、压力、介质）下，形成不同结构晶体的现象。这些不同结构的晶体，成为该成分的同质多象变体。红柱石、蓝晶石和夕线石就是最常见的铝硅酸盐的3种同质多象的变体。

红柱石的英文名称为"Andalusite",以矿物发现地西班牙名城安达卢西亚命名,形成于低温、低压的环境,通常呈短柱状晶体、横断面接近四方形。

蓝晶石的英文名称为"Kyanite",是希腊文中蓝色的意思,形成于低温、高压的环境,是一种分布很广的矿物,单晶常呈柱状,集合体呈放射状。

夕线石的英文名称为"Sillimanite",是以矿物学家夕莱曼命名,形成于高温、高压环境下,产于深变质岩中,常呈针状,集合体呈纤维状。

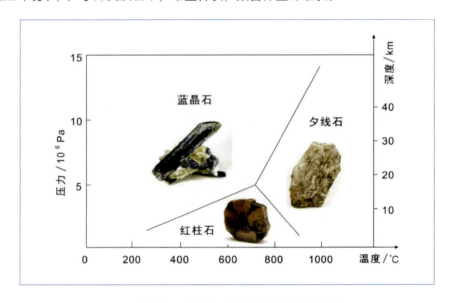

■ 红柱石、蓝晶石、夕线石形成条件示意图

5 矿物与生命

大多数人可能不会觉得坚硬的矿物和丰富多彩的生命有什么联系。毕竟,冷冰冰的石头和芬芳的玫瑰之间确实看不出有什么共同点。然而事实上,地球上大多数矿物的产生都离不开生物的作用,岩石圈和生物圈之间的关系是十分紧密的。那么,让我们一起穿越时光,来看看生命和石头的惊人联系吧。

生命的孕育离不开矿物

科学家发现，生命起源的第一步是在大气中由无机小分子形成有机小分子，第二步则是在海洋中完成的，因为那里有营养丰富的深海热泉，还富含铁、镍、硫化钼等矿物催化剂。正是在这些物质的作用下，那些无生命的简单生物小分子才有可能聚集、结合，生成复杂重要的生物大分子。

最早的微生物属于化能无机自养型细胞，它们加速了铁、硫、碳等不稳定矿物的分解，在此过程中获取了微小的能量，进而才能够从零开始构建自己的生物分子。即便在高等动物体内，这些矿物催化剂依然被细胞利用，通过催化把二氧化碳转变成有机分子。

生命产生矿物

目前地球上已经发现的矿物超过5500种，但我们已了解的物理化学作用过程只产生了约1500种矿物。剩下的矿物是从哪里来的呢？答案是：生命。或许你会认为人类是改造地球的第一种有机体，但实际上，早在几十亿年前，生命就已经开始塑造地球了。

最初的时候，地球上是没有氧气的，后来由于光合自养生物的诞生和不断繁盛，使得大气中出现越来越多的氧气。大约在24亿年前，氧气含量大幅增加，被称为"大氧化"事件。氧气对许多岩石和矿物来说是一种危险的、具有腐蚀性的气体，它不断地发动化学"进攻"，改变着这些岩石和矿物的状态，把它们氧化，变成新的形式，从而使矿物变得越来越多样。

以含铜的矿物为例，在"大氧化"事件之前，地球上只有20余种含铜的矿物。而现今，世界上有超过600种不同的含铜矿物，包括那些蓝色和绿色的蓝铜矿、孔雀石以及绿松石。如果没有生物光合作用的参与，没有氧气的影响，许多矿物就不可能与铜、氧以及其他元素结合，形成数百种独特的新矿物。由此可见，生命因矿物而诞生，然后又反过来丰富了矿物的种类。

生命体内的矿物

我们用显微镜来观察动植物体的细胞时就能发现，动植物体内也会有矿物质的生成物。我们常常能够看到植物细胞里有形状十分美丽的晶体，主要是由草酸钙或碳酸钙组成的矿物。在马铃薯细胞里，我们可以看到蛋白质的晶体；在某些藻类的体内，可以看到石膏的晶体。

矿物质的生成物在动物体内积累得越多，形状也就越大，无论是在健康还是得病的动物体内都是这样。在健康的动物体内有很多极小的结晶生成物，例如乳腺里的乳石。在得病的动物体内，难溶解的盐（主要是钙盐），会变成矿物质的生成物而淤积在这些动物体的组织、体腔和导管里面，这些生成物都是非常严重的结石，如我们常说的胆结石、肾结石。

小故事

美丽背后的艰辛——珍珠的故事

大家应该都见过贝壳里的珍珠吧？我们佩戴的珍珠项链、珍珠耳坠，大家应该也很熟悉吧？珍珠是含碳酸钙的矿物珠粒，由大量微小的文石晶体集合而成。具有瑰丽色彩和高雅气质的珍珠象征着健康、纯洁、富有和幸福，自古以来为人们所喜爱。的确，珍珠的美丽无与伦比，但美丽背后的艰辛与痛苦也许是我们无法想象的。

■ 珍珠

你们知道珍珠形成的过程是怎样的吗？珍珠产于珠蚌内，当有异物（砂粒、寄生虫等）进入蚌的体内时，蚌因受到刺激而分泌出碳酸钙等物质将异物包裹起来。每天分泌3～4次，每次覆盖仅0.5微米，需2～5年的时间，才能长成宝石级的珍珠。

第 7 篇 探寻矿物的记忆

矿物是岩石的基本组成单位，岩石地层是记录地球历史的一部残卷，要解密地球的演化历史，我们需要学会与地层交流，与岩石对话，与矿物面对面去探索它的记忆，从而编撰地球的演化史，从这方面来看，地质学家也可以被称作"地球史学家"啦。

矿物生长的一个重要控制因素是时间，之前我们提到过，地质作用过程往往以百万年为时间单位，矿物生长也是这样，过程极其缓慢，形成环境也不能一直不变，也就是说，矿物的不同部位可能记录了不同的地质信息。地质学家所做的事情就是把这些信息翻译出来，讲给大家听，让大家可以更好地与地球交流。

本书主要受众群体是中小学生，而本篇的内容相比之前的更为深入一些，相应地也需要高中物理、化学知识储备。暂时看不太懂的小朋友们也不要慌，学习是一件循序渐进的事情，当你全面了解了高中物理、化学知识后，回过头再来看，理解这一部分知识点便会水到渠成。

矿物内部所蕴含的信息是多种多样的，有的矿物主要记录了时间信息，有的则是记录了矿物成因信息，还有的记录了矿物母质的温压条件和物化状态信息。信息的多样性给了地质学家很大的发挥空间，使我们认识地球变得更为简单高效，在现代地质研究的过程中，多数地质学家要做的就是提取并整合各种信息，认知地球上岩石、矿物和生命的形成与演化。在这里，我们大致介绍一些矿物蕴含的不同信息类型及其使用。

1 标型矿物

什么是标型矿物呢？就是能反映出特定地质信息的标志性矿物。这类矿物只在特定的地质环境中产出，地质学家给它们贴上"标签"，供他人参考。下面我们简单举几个例子。

辰砂：红色颜料矿物——辰砂，想必大家还记得这个矿物吧。这是一种只形成于低温热液环境的矿物，科学家在看到辰砂的时候，能够很轻易地判断出它形成时候周围介质的物理、化学环境。

金刚石：自然界最坚硬的矿物——金刚石，这也是一种标型矿物，它形成于金伯利岩岩筒和钾镁煌斑岩体内，当我们在一个地区发现大量金刚石的时候，就可以推断出该地区位于大陆板块内部，且曾经有大规模的深部超基性岩浆涌流出来。

铬铁矿：这种矿物只形成于基性—超基性岩浆岩之中，当一个地质体内出现它的时候，往往代表该地区存在着基性—超基性的岩浆岩，也就是说在地球演化过程中，该地区曾经有基性岩浆从地幔或者下部地壳涌到地表。

柯石英&斯石英：这两种石英是极为典型的高压成因矿物，其中柯石英大多产生于冲击变质地区和超高压板块俯冲带深处，而斯石英专属于高压冲击变质成因，只产生于陨石撞击坑内。当一个地区出现这两类石英的时候，不用多想，在地球演化的某个阶段，该地区一定经历了一个超高压的地质过程。

2　地球的"时钟"

我们每个人都清楚地知道自己的年龄；要是家里养了宠物，它们的年龄我们也会记得一清二楚；此外一些花草树木的年龄我们也不难获得；但是聪明的你是否曾经想过，我们要用什么方法去得到地球（或是某一山脉、湖盆或者河流）的具体年龄呢？

事实上，目前测年的方法有很多，例如树木年轮测年法、古地磁测年法、铀系同位素测年、^{14}C 测年法等。这里我们简单看一下如何利用矿物来测年。

锆石

年龄信息的提取，地质学家目前最为青睐的矿物非锆石莫属。主要原因就在于锆石矿物硬度高、结构稳定，能够抵抗风化和变质作用，分布广泛，能够保存大量有效的同位素信息。那么，人们是如何提取锆石记载的年代信息的呢？

锆石测年的主要测试分析对象是现今保存在锆石内部的 U、Pb 等同位素（如 ^{238}U、^{235}U、^{206}Pb、^{207}Pb 等）。在锆石矿物结晶的过程中，U 元素大量富集，却几乎不含有初始的 Pb 元素，因此现代锆石矿物中包含的 Pb 元素都来自于 U 元素的衰变。U 元素的衰变速率是固定不变的。基于以上条件，我们不难理解，当我们用实验仪器测试出锆石里面的不同的 U、Pb 同位素含量，比对出母体衰变的数量，即可用公式（$D=N_0(1-e^{-\lambda t})$）（其中 D 为子体同位素含量，N 为母体同位素含量，e 为自然指数，λ 为衰变常数，与同位素种类一一对应））得到一个年龄（t）数据。而在分析地质体的过程中，科学家往往会做多组这样的年龄数据，统计归纳，最终得到一个加权年龄，更能代表地质体的真实年龄，这也体现了科学研究所必备的态度：严谨。

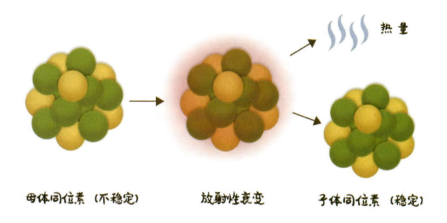

■ 同位素衰变示意图

近十年来,地学界最负盛名的锆石矿物来自于澳大利亚西部的杰克山(Jack Hills)地区。科学家对这里的锆石做了大量的研究,不单是测年,还有各种稳定同位素和微量元素等。原因在于,这里的锆石是现今地球上发现的最古老的矿物,其时代基本可以精确到大约44亿年前,也就是地球形成后大约2亿年就已经有矿物保存下来了,历经44亿年不变,足见其矿物的稳定性,这也从侧面指出了地球年龄之老,远超前人想象。

■ 产自杰克山的变成砾岩(左)及其中的锆石矿物在显微镜下的形态(右)

云母 & 角闪石

虽然锆石性质稳定、分布广泛、作用强大,但是依然有它无法记录的年龄信息。锆石的形成是需要较高温度的,锆石内部年龄信息的记录也需要750～900℃的高温,这和酸性岩浆的温度差不多,因此,锆石无法记录低—中级温度区域变质作用的年龄信息。针对这个问题,地质学家也有自己的应对之策,那就是使用一种封闭温度较低且在低—中级变质岩中广泛出现的矿物,于是找到了云母族和角闪石族矿物。

■ 云母族矿物

云母族矿物的封闭温度在250～400℃之间,角闪石族矿物则是在500～600℃之间,正好填补了区域变质作用的年龄空白。这两类矿物都富含 ^{40}Ar,而 ^{40}Ar 经过衰

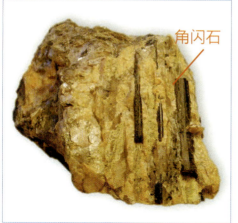

■ 角闪石族矿物

变形成 ^{39}Ar，因此可以通过测量放射性同位素衰变的含量，结合衰变常数来计算矿物的形成时间，这个时间也就是所谓的变质事件发生的时间。

$^{40}Ar/^{39}Ar$ 测年法是地球科学中应用最广泛的同位素定年技术之一，在全面、细致、严格地采样、样品处理、样品综合研究的基础上，利用 $^{40}Ar/^{39}Ar$ 测年法一般可以获得各种含钾矿物精确的同位素年龄，从而为讨论岩浆活动、变质历史、地壳隆升、热液成矿、矿床次生富集等重要地质问题提供关键的年代学资料。

3 地球的"温度计"

前面说过，不同矿物的生长环境肯定是不一样的，为了探知这些环境信息，科学家们同样是绞尽脑汁。经过众多科学家的不断探索，测试分析矿物内部元素的分布规律，终于掌握了探寻矿物形成环境的多种方法。在此我们选几种常用的方法进行简要说明。

一般来说，作为"温度计"的矿物成分都非常简单，因为矿物成分越简单，元素之间的替代规律也就越容易被人们发现。

锆石"温度计"

锆石真的是深受地质学家青睐的一种矿物，其稳定的性质，不仅可以保存年龄信息，还可以很好地保存母质岩浆的温度信息。在20世纪初，美国的地质学家Watson通过实验和计算的方法发现，在锆石矿物之中，钛（Ti）的含量与其形成时的温度之间有一定的数学关系。他在进行了大量计算之后，得出了这一关系式：

$$T(℃)_{锆石}=(5080±30)/[(6.01±0.03)-\lg(Ti)]-273.5$$

锆石主要形成于岩浆岩和部分高级变质岩中，其形成温度往往可以代表锆石析出时的岩浆温度。锆石是硅饱和矿物，因此在花岗岩和闪长岩中往往可以找到锆石，当地质学家研究这两类岩石的时候，就可以通过计算锆石的温度而得到岩石形成时的岩浆温度。

闪锌矿"温压计"

闪锌矿的化学成分简单，分子式为ZnS。在闪锌矿物晶体体形成过程中，Fe^{2+}会代替Zn^{2+}而进入到晶体结构内。科学家通过大量的实验发现，闪锌矿内Fe^{2+}的含量是该矿物形成时的温度和压力的函数。温度越高，成分中的Fe^{2+}含量就越高，因此颜色也就越深。而随着压力的增加，闪锌矿中Fe^{2+}含量相应减少，颜色也就越浅。

但是，这一"温度计"的使用是有条件限制的，需要在Fe^{2+}浓度较高的介质环境中，也就是当闪锌矿与磁黄铁矿或是与黄铁矿、磁黄铁矿平衡共生的时候才能使用这一关系式进行测温。

■ 浅色闪锌矿（左）和深色闪锌矿（右）

石英"温度计"

石英"温度计"是近些年来科学家们才开始使用的一种"温度计"。与锆石"温度计"的原理类似，石英"温度计"也是通过钛元素（Ti）的含量进行计算的。在石英这种矿物中，钛元素常常会通过类质同象替代的方式取代硅元素（Si）的位置，而这一过程的发生与温度之间有密切关系，换言之，石英中钛元素（Ti）的含量也就是温度的函数。函数关系式为：

$$\lg(\text{Ti 含量}) = 5.69 - 3765/T(K)$$

此"温度计"一般适用于温度高于 400℃ 的岩石，比如火成岩和变质岩等。

对矿物"温度计"的介绍就到这里了，矿物学领域还有许许多多的"温度计"，比如橄榄石 – 辉石的 Ni"温度计"、金红石和榍石的 Zr"温度计"、黄铁矿 – 磁黄铁矿的 Ni-Co 分配"温度计"、斜方辉石的 Ca 溶解"温度计"以及黑云母 – 石榴石的 Mg-Fe 元素分配"温度计"等。

漫游矿物世界 MANYOU KUANGWU SHIJIE

矿物颜色记录着什么?

可能会有人问,同种矿物的多种颜色是否能告诉我们一些矿物和地球的奥妙呢?答案当然是肯定的!前面介绍的闪锌矿的颜色深度不就告诉我们它的形成温度了吗。

除了闪锌矿,自然界还有许许多多的矿物通过颜色告诉我们它们的出生环境信息,比如角闪石、黑云母、电气石、石英、锆石等。

角闪石:在显微镜下,高温环境形成的角闪石多为棕褐色色调;低温环境形成的角闪石大多是蓝绿色色调。

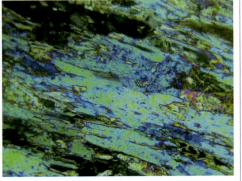

■ 显微镜下的棕色角闪石(左)和蓝色角闪石(右)

黑云母:高温环境形成的黑云母呈黑色,显微镜下为棕红褐色;低温环境形成的黑云母则为绿色,显微镜下也是绿色。

电气石:黑色电气石形成环境温度最高,大于300℃;其次是绿色,约290℃;红色电气石形成环境温度最低,仅150℃左右。

石英:麻粒岩相高温石英会带有一种较浅的蓝灰色。

锆石:锆石颜色越深,代表其母岩形成时代越老;锆石颜色越浅,代表其母岩形成时代越新。同时，偏酸性的岩石中（花岗岩）形成的锆石大多无色透明，偏基性的岩石中（辉长岩、辉长闪长岩）形成的锆石往往会显现肉红色或者玫瑰色。

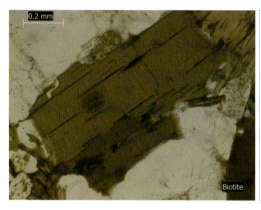

■ 显微镜下的黑云母

■ 玫瑰色锆石

5 矿物形态告诉我们什么？

大自然中的每一块石头都在默默讲述着一段地球故事，地质学家就是透过解读"石头"这部无字天书，来了解地球的诞生、演化和发展的。影响矿物形态的因素除了化学成分和内部结构以外，还有其形成时的环境条件。让我们一起来根据矿物的形态解读石头中的奥秘吧！

前面我们已经了解到矿物晶体的千姿百态了，那么，为什么同一种矿物会有不同的晶体形态呢？

矿物晶体有固定不变的生长规律，但大自然的"鬼斧神工"却塑造出千姿百态的矿物形态，其原因简单来说就是某种矿物在结晶时受到外界环境（如温度、压力、酸碱度、氧逸度等）的影响，导致矿物晶体的形态发生变化。因此，不同形态的矿物晶体可以告诉我们其形成的环境条件。

锆石

锆石由于形成时的物理、化学条件不同,其晶体形态也不同。如碱性火成岩中的锆石四方双锥发育,呈双锥状;酸性火成岩中的锆石柱面和锥面均发育,呈柱状;中性火成岩中的锆石柱面较为发育,呈细长柱状。因此,锆石的晶形可作标型特征。

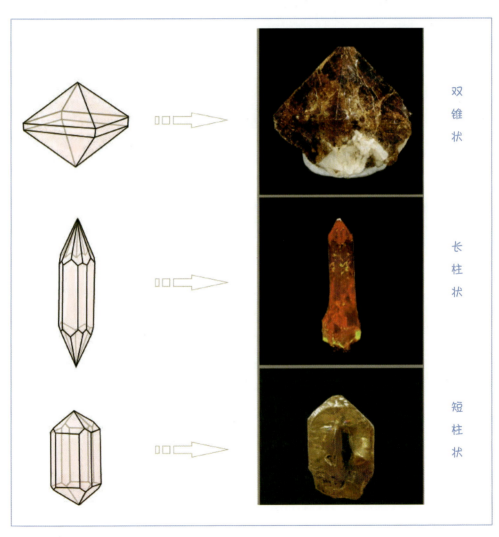

■ 锆石的 3 种代表性形态

6 矿物组合说明什么？

共生矿物组合有助于人们了解矿物的形成机制，帮助人们勘查矿产资源。例如，有的矿物可以在多种环境中生成，如石英，既可以在高温热液中产出，又可以在中、低温热液中产出，这个时候，我们就通过观察与石英共生的矿物有哪些来判断它的真正成因，如果共生的是黑钨矿，则指示高温热液成因；如果共生的是黄铁矿，则指示中温热液成因；如果共生的是方解石，则指示低温热液成因。这种判断方法是不是很简单呢！

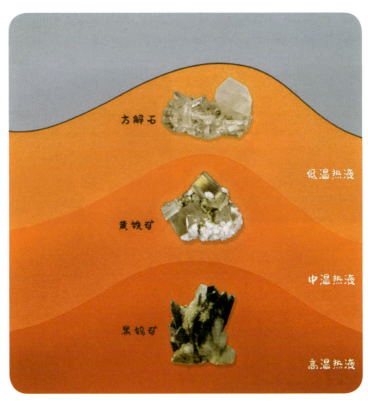

■ 通过矿物组合判断成因示意图

7 橄榄石——来自地球深部的信使

早在公元前 1500 年，人们就在埃及的圣约翰岛上发现并开采橄榄石，古罗马人称它为"太阳的宝石"。2018 年 5 月，位于夏威夷岛东南部的基拉韦厄火山再次喷发，滚滚而出的熔岩和火山灰令当地 600 余座房屋遭受严重破坏。同时也带来了令人意想不到的"财富"，当地人在街道和海滩上发现了大量的"绿宝石"——橄榄石。橄榄石因其颜色多为橄榄绿色而得名，主要成分是铁或镁的硅酸盐。夏威夷大学的地质学家证实，正是由于火山持续喷发，散落在火山岩中的橄榄石随着火山喷发被喷射出来，形成所谓的"宝石雨"，散落在岛上。

■ 基拉韦厄火山喷发出的橄榄石

橄榄石是地幔橄榄岩的主要组成矿物，地幔堪称最大的"地球化学储库"，但迄今为止人类还不能直接从地幔中取样。来源于上地幔的物质可以通过深部构造作用到达地表，从而为研究地球深部物质组成特征和演化过程提供直接的样品，有助于人类对大陆的形成和演化过程的认识与理解。如许多玄武岩携带有来自地幔的橄榄岩包体；在某些有洋壳出露的地方可以看到，橄榄岩类就是洋壳下部的岩石。

科学家早就发现，地球内部的地幔浅层部分竟然可以"吃石头，吐钻石"，因为目前地球上发现的大部分钻石均来自地表下不到 200 千米的地方，那里的钻石有着与地表岩石相同的化学组成，之所以这样，是因为俯冲作用过程中把地表的岩石带到了较浅层的地幔，在那里，地幔内部的高温高压环境把部分岩石"变成"了钻石，后来部分钻石又被一种叫作金伯利岩（角砾云母橄榄岩）的岩石带到地表。金伯利岩是由火山爆发所产生的，这种岩石一直是人们寻找钻石的"指示岩石"，寻找钻石矿就是由寻找金伯利岩开始的。

■ 金伯利岩及其中的钻石

加拿大科学家还在钻石中发现了地幔富水的证据。他们在从巴西胡尼纳周围的河流里淘来的钻石中发现了直径仅有 3 毫米的尖晶橄榄石。尖晶橄榄石是一种特殊的矿物，它形成于上地幔和下地幔之间的过渡层，因为该区域具有超高的压力和温度。进一步检测发现，这块尖晶橄榄石含水量约为 1.5%。这个尖晶橄榄石样品表明，地幔的过渡层应该存在蓄水层，那里的含水量可能相当于地球表面水量的总和。

水在地球内部演化中扮演着重要的角色，地幔以及壳幔之间的水循环对地球动力过程起到了关键作用。因此研究橄榄石中结构水的含量和赋存机制有助于认识地球深部的水循环过程和机制。法国科学家通过对格陵兰岛两个橄榄岩透镜体中的橄榄石进行组构分析，揭示始太古代（距今 40 亿～36 亿年）就已经存在板块俯冲运动了。

中国科学家通过对南海新生代碱性玄武岩中的橄榄石结晶温度的推算，推断南海的形成演化与地幔柱活动有关。

■ 玄武岩中的橄榄岩捕掳体

橄榄石在不同热力学条件下形成的晶格优选定向是认识上地幔塑性变形与地震波各向异性的基础，对橄榄石的晶格优选定向、含水量与地震波各向异性的综合研究有助于深入理解上地幔橄榄岩的塑性变形机制，为解释地震波观测结果和建立地球动力学模型提供重要依据。

矿物蕴含的信息极为丰富，在本书中仅介绍几种十分简单的实例，走进矿物学，会有一片极度广袤的世界等你去发现与探索。希望你们对自然界永远保持着好奇心，勇于发现问题，不断钻研，追求真理。

第 8 篇
趣味结晶小实验

漫游矿物世界 MANYOU KUANGWU SHIJIE

这些美丽的矿物晶体是大自然的鬼斧神工之作，是千万年来逐渐结晶长成的美丽精灵，往往藏在茫茫大山里，云深不知处。想要真正明白晶体到底是什么东西，只是到矿物博物馆去欣赏一下水晶或方解石那些漂亮的藏品是远远不够的！学习了这么多矿物晶体的知识，好奇的你是不是也想拥有一块属于自己的矿物晶体呢？不如我们一起动手去"制造"一块真正属于自己的美丽晶体吧！这样既能得到晶体，又能观察晶体的结晶过程，岂不美哉？

实验（一）：玩转"石盐"

食盐是我们再熟悉不过的调味料，它的主要成分是氯化钠（NaCl）。而氯化钠在自然界作为天然矿物存在时被人们称为石盐。还记得书中提到过的石盐晶体长什么样吗？不记得也没关系，就让我们自己动手做出来玩一玩吧。

适合年龄：6 岁以上（需在老师或家长监护下进行）。

实验材料：食盐、豆浆机/搅拌棒、玻璃缸、电子秤、水杯、镊子、纸巾。

实验原理：天然石盐通常由卤水蒸发结晶而形成，本实验是在家中通过让饱和食盐水自然蒸发的原理模拟天然石盐的形成过程。

实验过程：

（1）小心地向豆浆机注入纯净水至 1200 mL 刻度线处，视线平视刻度线以确保测量无误。如果豆浆机没有 1200 mL 刻度线，可根据实际刻度线估算。

（2）用电子秤称量 400 g 食盐粉末加入豆浆机，并选择"豆浆"模式进行搅拌。

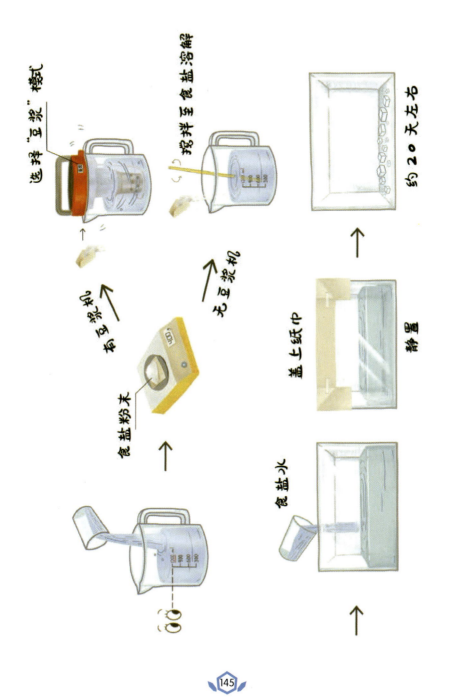

● 自制"石盐"实验步骤

该模式会将食盐水煮沸并快速搅拌，使食盐完全溶解。如果家里没有豆浆机，也可以将食盐和沸水装入玻璃杯里用搅拌棒（或筷子）手动搅拌，直至食盐完全溶解（大约需要10分钟）。

（3）将食盐水小心地倒入玻璃缸或玻璃碗中静置，在此期间避免移动或晃动玻璃缸。为了防止溶液中落入灰尘影响结晶，可以用单层的纸巾盖住玻璃缸口，并用胶带简单固定一下。

■ 在玻璃缸中静置饱和食盐水

（4）20天左右，食盐水中便能结晶出边长约数毫米的立方体石盐晶体，可以观察到晶体的双晶、生长纹等特征。气温越高，结晶越快。冬季气温较低，请耐心等待，不需加热。

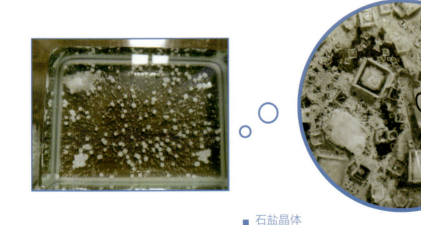

■ 石盐晶体

温馨提示：

（1）如果没有电子秤，可以直接选购所需质量的食盐包，或根据溶解度计算所需食盐和水的用量。食盐的主要成分为氯化钠，氯化钠在20℃时的溶解度约为36 g（即100 g纯净水在20℃时只能溶解36 g氯化钠）。纯净水用量（mL）= 100 (mL) × 食盐质量 (g)/ 溶解度 (g)。

（2）本实验的关键在于所配置的食盐溶液应澄清无杂质，即食盐完全溶于纯净水，否则将难以结晶成完整的大块晶体。如果没有豆浆机，请根据计算结果在玻璃杯中加入食盐和热水并耐心搅拌10分钟以上直到食盐水澄清、无颗粒物。

（3）如果食盐的质量或纯净水的体积测量不够精确，可适当多加一点水，确保食盐完全溶解。但这会使蒸发所需的时间更长。

（4）市场所售食盐通常不是纯的氯化钠。如果想用更纯的氯化钠完成实验，可选购无碘、不含钾、不含钠、不含抗结剂的食盐。

（5）可以尝试用家中的其他物质或容易买到的化学药品做实验。常见的可用于结晶实验的物质在20℃时的溶解度为：味精 72 g/100 mL、白糖 202 g/100 mL、明矾 5.9 g/100 mL、胆矾（五水硫酸铜，有毒！）20.7 g/100 mL。

（6）除厨房调料外，其他物质的溶解不能用豆浆机进行！需用玻璃杯和一次性筷子手动搅拌至溶液澄清、无颗粒物。

扫码观看实验过程

花式玩法

玩法一：继续蒸发结晶，相邻的小晶体就会逐渐变大而长在一起。如果想得到较大的晶体，可以按照以下步骤继续实验。

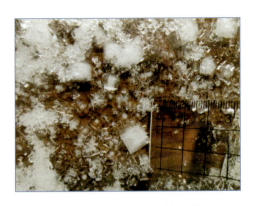

■ 长在一起的石盐晶体

（1）在玻璃缸中挑选一颗最大最完整的石盐晶体，用镊子小心地夹出，然后将玻璃缸中上层澄清的食盐水倒入干净的水杯中。

（2）将玻璃缸底层残余的石盐晶体和盐水倒掉并将玻璃缸清洗干净，将水杯中澄清的食盐水倒入玻璃缸。

■ 用镊子将石盐晶体夹出　　　　　　■ 只留下一颗晶体作为结晶核

（3）将挑选出的那颗晶体放入玻璃缸的澄清食盐水中，这样它就是这缸饱和食盐水里唯一的结晶核啦。

（4）将玻璃缸继续静置，期间如有其他晶体析出，需及时清理，确保缸内只有最大的那颗晶体作为唯一的结晶核。石盐晶体会继续长大，边长可以达到 1 厘米以上。

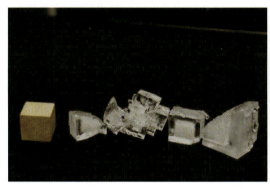

■ 边长达 1 厘米的石盐晶体

玩法二：尝试用不同形状的器皿完成实验，你会得到不一样的惊喜！花瓣形的果盘、心形的巧克力盒子都可以试试。

■ 果盘里的石盐晶体

如果想得到红色的石盐晶体，可以在配置好的食盐水中滴入红墨水（一滴就够了），这样蒸发结晶出的石盐就是红色的。想获得其他颜色的石盐可以选择在食盐水中加入所需颜色的水溶性颜料/色素即可。需要注意的是，很多颜料是有毒的，只能在玻璃杯里用玻璃棒或一次性筷子搅拌！

漫游矿物世界 MANYOU KUANGWU SHIJIE

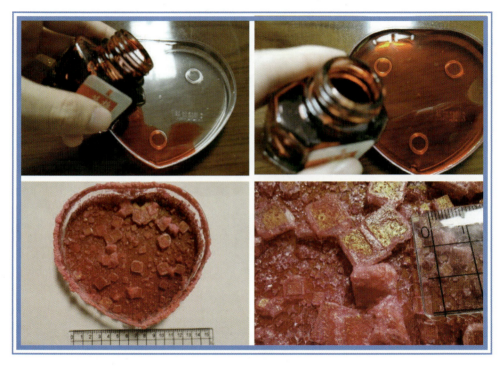

■ 心形巧克力盒子里长出的红色石盐晶体

玩法三：尝试用便携式显微镜观察和记录石盐晶体的生长过程。这里推荐 TipScope 小贴显微镜，将显微镜贴在手机摄像头下面即可观察到晶体的微观形态。

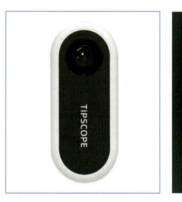 

■ TipScope 小贴显微镜（左）及其拍摄的石盐晶体（右）

显微观察不需要通过缓慢结晶获取大块晶体，因此可以通过加热使食盐迅速结晶。开启手机摄像模式就可以记录神奇的结晶过程了。

扫码观看实验过程

实验（二）：美丽的糖棒

厨房里的白砂糖也可以拿来做结晶实验哦。白砂糖是蔗糖的一种，由于蔗糖的溶解度随着温度的升高而增大，我们可以采取降温结晶的方法，让细小的白砂糖"长"大，变成美丽的糖棒。

■ 蔗糖在不同温度下的溶解度

温度 /℃	20	40	60	80	100
溶解度 /g	203.9	238.1	287.3	362.1	487.2

■ 美丽的糖棒

适合年龄：6 岁以上（需在老师或家长监护下进行）。

实验材料：白砂糖、电子秤、竹签、红墨水、玻璃杯、搅拌棒、晒衣夹、防蚊罩。

实验原理：蔗糖在 100℃时溶解度是 20℃时的两倍多，100℃的饱和蔗糖溶液在冷却时会析出蔗糖，并生成蔗糖晶体。

实验过程：

（1）将 300 mL 热水和 900 g 白砂糖倒入锅中搅拌并煮沸，使白砂糖完全溶解，制成蔗糖热饱和溶液。

（2）将糖液倒入玻璃杯中，可以加入一滴红墨水（或食用色素）并搅匀，冷却备用。

（3）将竹签在糖液中浸湿后，在白砂糖中滚动，使竹签表面沾满白砂糖，晾干，做成糖棒引子。

（4）将沾满白砂糖的竹签垂直插入糖液，用晒衣夹固定好后静置，等待结晶。

（5）在玻璃杯上扣一个防蚊罩，防止小飞虫落入溶液影响结晶。

（6）耐心等待溶液冷却，白砂糖会随着溶解度降低而析出，最终长成漂亮的水晶糖棒。注意及时观察，有时蔗糖会结晶过多而难以从杯中取出。

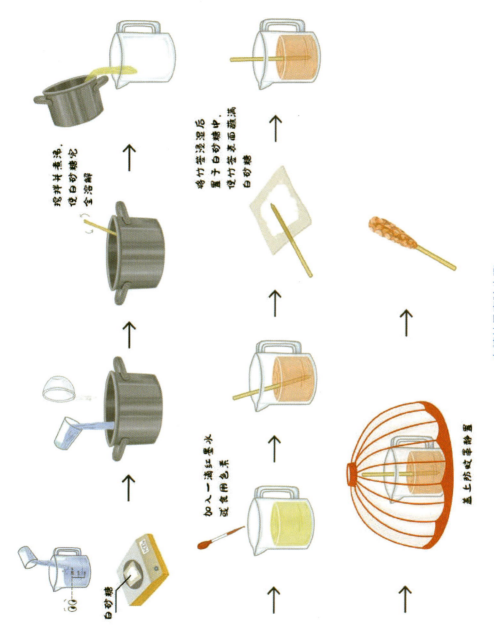

漫游矿物世界 MANYOU KUANGWU SHIJIE

小思考

仔细观察上面这个实验中获得的糖棒，你会发现，糖粒是粘在一起的。还有一种玩法就是，让白砂糖变成冰糖。怎么才能让溶液里的糖粒结晶成大颗粒的冰糖晶体呢？

扫码看视频

实验（三）："水晶"吊坠

适合年龄：6 岁以上（需在老师或家长监护下进行）。

实验材料：味精、电子秤、玻璃杯、搅拌棒、细线、烧水壶、防蚊罩。

实验原理：味精的主要成分是谷氨酸钠（含量超过 99%）。以味精为原料配制饱和的谷氨酸钠溶液，随着水分逐渐蒸发，溶液中的谷氨酸钠晶体会逐渐析出。

实验过程：

（1）在玻璃杯中倒入 210 mL 热水，加入 150 g 味精，搅拌使其完全溶解。

（2）在细线的一端系一颗味精并浸入溶液中，细线另一端系在细木棍中间，

扫码观看实验过程

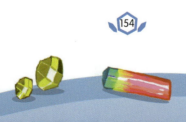

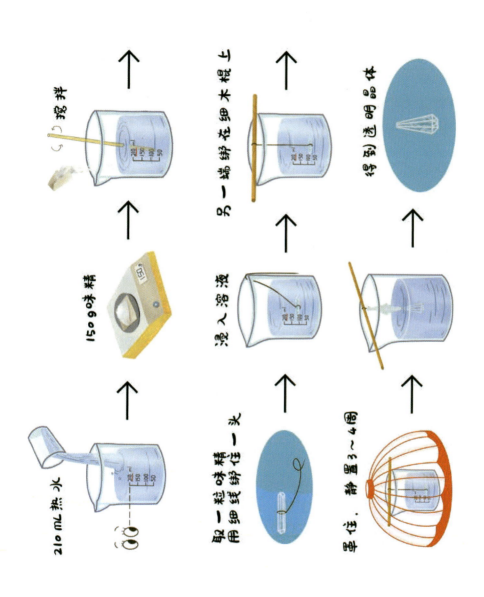

味精结晶实验步骤

并将细木棍架在玻璃杯上固定好。用防蚊罩罩住以防小飞虫落入溶液。

（3）静置3～4周，可以看到细线在液面以下的部分长满了味精晶体，之前细线上挂着的那颗味精变成了一颗美丽的"水晶"吊坠。由于毛细现象，一些味精溶液沿着细线上升并结晶，因此液面以上的细线上也有结晶。

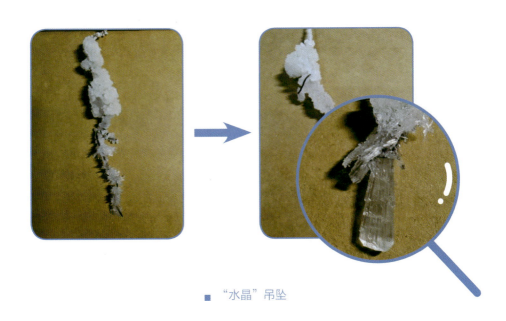

■ "水晶"吊坠

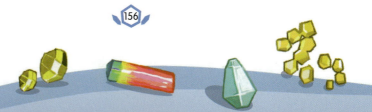

实验（四）：明矾结晶实验

适合年龄：10岁以上（需在老师或家长的监护下进行）。

实验材料：明矾、玻璃缸、玻璃杯、玻璃棒、宣纸、电子秤等。

实验原理：当明矾溶液处于饱和状态时，明矾就会随着水分的蒸发而沉淀析出，生成晶体。

实验过程：

（1）在玻璃杯中加入 800 mL 热水，倒入 47.3 g 明矾，充分搅拌使其完全溶解，配制成明矾饱和溶液。

（2）用宣纸将玻璃杯顶部盖上并用透明胶粘住，不然可能会有小飞虫落水。

（3）静置一个月，晶莹剔透的明矾晶体就长成了。还可以按照前面的方法，做成你喜欢的颜色哦。

■ 一个月后生成的明矾晶体（没有盖宣纸，有数只飞虫落水）

小思考

观察一下你制作的明矾晶体是什么结构，动手画一画吧！

实验（五）：自制"水晶"

适合年龄：10岁以上（需在老师或家长监护下进行）。

实验材料：磷酸二氢铵粉末和晶种（某宝购买）、电子秤、烧水壶、玻璃杯、搅拌棒、手套、护目镜。

实验原理：水只能溶解一定量的磷酸二氢铵。当磷酸二氢铵溶液处于饱和状态时，磷酸二氢铵就会慢慢随着水分的蒸发而沉淀析出，形成固态的结晶。结晶速度越慢，最终获得的晶体越大、形态越完美。

如果实验开始时溶液中有晶种（一块表面平滑的半球形磷酸二氢铵），结晶就会以晶种为结晶核心进行。但如果溶液中有过多的结晶核便会使最终得到的晶体数量多而颗粒小，因此实验开始时使用热水溶解溶质并耐心搅拌，能使溶质更容易完全溶于水而不留沉淀，使我们最终能获得由大块晶体组成的晶簇。

实验过程：

（1）戴好护目镜和手套，检查玻璃杯是否漏水。

（2）将纯净水烧沸，小心地倒入玻璃杯，视线平视刻度线将水位加到200 mL（可以请老师或家长帮忙完成）。

（3）将74 g磷酸二氢铵粉末倒入玻璃杯，并趁热搅拌10分钟左右使其充分溶解。这一过程一定要有耐心，溶解不充分会影响结晶效果。

（4）将晶种沿着杯壁缓缓放入杯中，以防溶液溅出。

（5）将玻璃杯静置10～15天，在此期间避免移动。如果需要观察结晶情况，可以用手电筒从玻璃杯侧面照射进行观察。

（6）晶簇结晶完成，小心地将玻璃杯中多余的溶液倒入马桶，并冲3次水。将玻璃杯中的晶簇小心取出,用吸水纸把表面的溶液吸干,就可以欣赏到美丽的晶体啦。

■ 磷酸二氢铵晶体

温馨提示:

(1)在倒入大量沸水前可以将少量沸水倒入玻璃杯并振荡,防止玻璃炸裂。

(2)实验药品严禁食用,所有实验用品在整个实验过程中必须放置在幼儿无法接触的区域。

(3)本实验建议自然蒸发,无需加热。如果实验环境温暖通风,结晶速度会更快。反之结晶速度会变慢,但是晶簇形态会更美。

(4)当不再想保留晶簇时,可用自来水将其充分溶解、稀释并倒入抽水马桶冲3次水。

(5)晶体比较锋利,请勿用力触摸锋利处。

(6)不小心把溶液弄到手上时,请立即用清水冲洗干净。

(7)建议佩戴护目镜。若溶液溅入眼睛,请立即用大量清水清洗眼睛并就医。

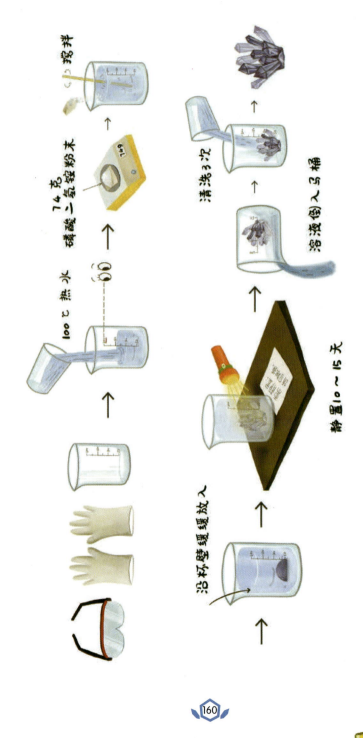

■ 磷酸二氢铵结晶实验步骤

> **小思考**
>
> 磷酸二氢铵制成的"水晶"与天然水晶有哪些相同之处和不同之处呢？动手写一写吧！
>
> ● 相同的是：
>
>
>
> ● 不同的是：

实验（六）：自制"蓝宝石"

适合年龄：12岁以上（需在老师或家长监护下进行）。

实验材料：五水硫酸铜、电子秤、玻璃杯2个、玻璃棒、细木棒、手套、护目镜。

实验原理：随着水分的蒸发，饱和硫酸铜溶液中会析出硫酸铜晶体。以其中一个晶体为结晶核，硫酸铜的进一步结晶会倾向于在该结晶核表面进行。

实验过程:

(1)在玻璃杯 A 中先后加入 400 mL 热水和 82.8 g 硫酸铜粉末,用玻璃棒搅拌,使其充分溶解,制成硫酸铜饱和溶液。

(2)将饱和溶液静置大约半小时,在玻璃杯 A 底部可看到有蓝色的硫酸铜晶体析出。

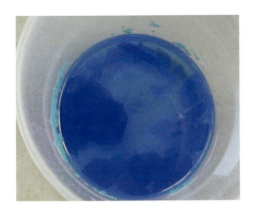

(3)将玻璃杯 A 中的硫酸铜溶液倒入玻璃杯 B。

(4)在玻璃杯 A 底部的硫酸铜晶体中选择一颗最大的,用细线系上,用木棒悬挂,浸入玻璃杯 B 的硫酸铜溶液中。

(5)静置数天,玻璃杯 B 中悬挂的硫酸铜晶体会逐渐变大,最终和蓝宝石一样美丽。

■ 玻璃杯底部析出的硫酸铜晶体

■ 结晶得到的"蓝宝石"

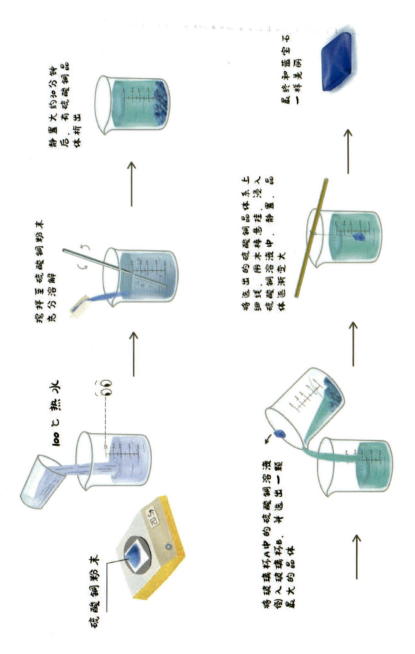

五水硫酸铜结晶实验步骤

花式玩法

还可以折一艘纸船,制作一艘蓝宝石船。制作蓝宝石船是用降温结晶的原理,因此可以适当多加一些硫酸铜。

扫码观看实验过程

温馨提示:

(1)硫酸铜有毒,严禁食用。实验器材不可与装食物和调味品的器皿混淆。硫酸铜要妥善管理,不能放在老人孩子能接触到的地方。实验得到的结晶仅适合做摆件,不适合佩戴。硫酸铜粉末、溶液和晶体成品必须放置在幼儿无法接触到的区域。

(2)请戴好手套操作。如不小心把硫酸铜溶液弄到皮肤上,请立即用清水冲洗干净。

(3)建议佩戴护目镜。若溶液溅入眼睛,请立即用大量清水清洗眼睛并就医。

各位亲爱的读者朋友们,以上介绍的这些实验,你们都做成功了吗?世界上没有两片完全一样的叶子,同样晶簇的生长过程也是不一样的,拿着自己亲手制作的全世界独一无二的晶簇,是不是很开心呢?

多思考,还可以优化实验过程。上述实验中加入溶质和搅拌溶解时溶液都会发生降温,导致实际溶解度比计算的值低,最终溶质不能溶解完全,沉淀下去的多余溶质参与结晶会影响我们获取大块的单晶，可以通过适量减少溶质用量来解决。

你们还可以多拿几种盐类来做结晶实验，也可以自己想出一些实验的方法，比如让晶体的碎片长成完整的晶体，把晶体磨成圆球再让它长出棱角来。你们应该每天去看看自己所培养的晶体，并加以处理，这样，你们才能把世界上那些神秘的有关晶体的规律研究明白。

主要参考文献

DK 出版公司, 2016. 岩石与矿物 [M]. 毛毛虫工作室, 译. 广州：新世纪出版社.

雷纳·科特, 2010. 岩石与矿物 [M]. 李玉茹, 译. 武汉：湖北教育出版社.

刘光华, 刘知纲, 2012. 岩石与矿物 [M]. 北京：地质出版社.

So190 公司, 2017. 我的科学图册：岩石和矿物 [M]. 田小森, 译. 成都：四川少年儿童出版社.

杨良锋, 叶青培, 章西焕, 等, 2019. 神奇的矿物世界 [M]. 北京：地质出版社.

约翰·范顿, 2014. 世界矿物与宝石探寻鉴定百科 [M]. 马小皎, 王皓宇, 译. 北京：机械工业出版社.

赵珊茸, 边秋娟, 王勤燕, 2011. 结晶学及矿物学 [M]. 北京：高等教育出版社.